Peter Böck

Der Semidünnschnitt

Mit 27 Abbildungen

J. F. Bergmann Verlag München 1984

Prof. Dr. Peter Böck
Institut für Mikromorphologie
und Elektronenmikroskopie
Schwarzspanierstr. 17
A-1090 Wien
Österreich

CIP-Kurztitelaufnahme der Deutschen Bibliothek
Böck, Peter: Der Semidünnschnitt/Peter Böck.
München: J. F. Bergmann Verlag, 1984.
ISBN-13: 978-3-642-80507-3   e-ISBN-13: 978-3-642-80506-6
DOI: 10.1007/ 978-3-642-80506-6

Satz: Daten- und Lichtsatz-Service, Würzburg
Graphiken: E. Urich, München
2382/3321-543210

Inhaltsverzeichnis

Vorwort

Viele Morphologen betrachten den Semidünnschnitt nur als Hilfsmittel, um im Präparat entscheidende Stellen für die Elektronenmikroskopie zu finden. Tatsächlich aber erlaubt erst der Semidünnschnitt, zusammen mit der diffizilen Gewebepräparation für elektronenmikroskopische Untersuchungen, die Leistungsfähigkeit der Lichtmikroskope voll auszunützen. Die Schönheit und der Informationsgehalt eines guten Semidünnschnittes rechtfertigen es, dieses Verfahren als eigenständige morphologische Technik aufzufassen. Tatsächlich hat dem die Praxis in der Pathologie bereits Rechnung getragen: Nieren- und Hodenbiopsien werden heute nur noch an Hand von Semidünnschnitten beurteilt. Die vorliegende Methodensammlung soll diesem Trend dienlich sein. Sie ist als Arbeitsbuch für das Labor gedacht, weshalb die einzelnen Abschnitte nach Möglichkeit so angeordnet sind, daß sie auf einer aufgeschlagenen Doppelseite Platz finden. Konzentrationsangaben und ähnliches sind vereinheitlicht und zur größtmöglichen Bequemlichkeit des Benützers adaptiert. Chemikalien, wenn sie nicht als alltägliche Ausrüstung eines Labors aufzufassen sind, werden mit Bezugsquelle und Bestellnummern ausgewiesen. Als Kapitelüberschriften dienen die jeweils verwendeten Farbstoffe, soweit es sich um allgemein anwendbare Färbungen handelt. Dient eine Färbung dagegen zur Darstellung spezieller Strukturen, so ist dies auch in der Überschrift erwähnt.

An dieser Stelle möchte ich Herrn Prof. Dr. H. Plenk jr. für die Abfassung der Kapitel 3 A und 34, und Herrn Dr. A. Ellinger, der Kapitel 51 beisteuerte, danken. Zu besonderem Dank bin ich aber Frau Jutta Selbmann, MTA an unserem Institut, verpflichtet, bei der ich selbst das Messerbrechen und Schneiden lernte. Nicht zuletzt danke ich Herrn Prof. Dr. H. J. Clemens vom Verlag J. F. Bergmann, dessen Aktivität das Erscheinen dieser Methodensammlung ermöglichte.

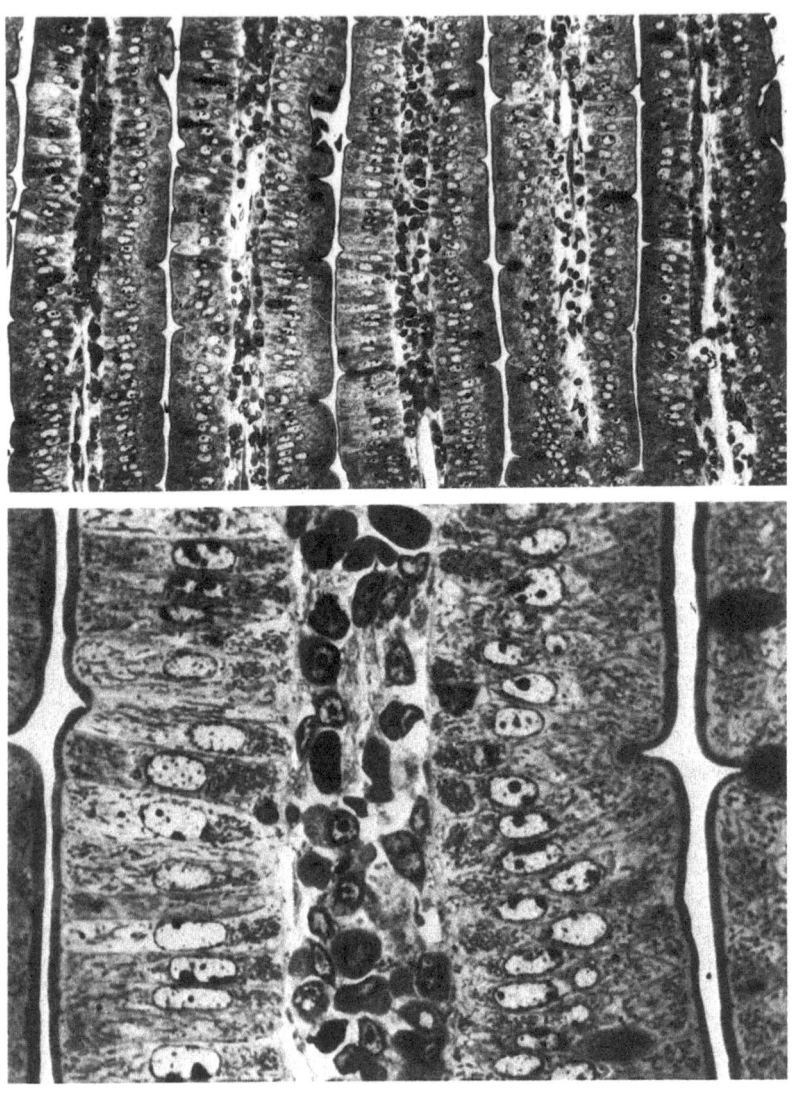

Duodenum, Maus, Toluidinblaufärbung nach §11

§1. Anfertigen der Glasmesser

Glasmesser für die Mikrotomie werden heute durchwegs mit speziell dafür konstruierten Geräten (Knife-maker) vorgenommen, die in verschiedenen Varianten zusammen mit geeigneten Glasstreifen von der Industrie geliefert werden. Diese Geräte sind mit Anleitungen versehen, so daß sich die Beschreibung ihrer Handhabung erübrigt. Dennoch ist die Kunst, Glasmesser von Hand mit der Zange zu brechen, nicht ganz unwesentlich geworden. Zum einen sind die von den Firmen gelieferten Glasstreifen relativ teuer, zum anderen können die Knife-maker nicht für dickere Gläser, als die von den Firmen gelieferten, eingesetzt werden. Was die Kostenfrage betrifft, so kann ein umsichtiger Käufer in Glashandlungen wahre Schätze finden. Reste zerbrochener Schaufensterscheiben, Spiegelglas und Scheiben von Aquarien repräsentieren Quellen ausgezeichneter Messer für die Ultramikrotomie. Es ist dabei aber empfehlenswert, erst eine Probe durchzuführen und sich über die Tauglichkeit des gewählten Glases zu informieren. Manchmal stößt man auf Gläaser, die auch bei größter Erfahrung im Messerbrechen keine befriedigenden Resultate liefern. Weiche Gläser, die häufig gelblich oder gelbgrün wirken, sind stets harten und spröden Gläsern, die oft grün oder blaugrün sind, vorzuziehen. Neben der Kostenfrage spielt die Möglichkeit, breitere Messerkanten zu erzielen, eine entscheidende Rolle. Mit selbstgefertigten Glasmessern lassen sich – zumindest mit älteren Ultrotommodellen, wie Reichert OmU2 – großflächige Schnitte erzielen, die das Studium ganzer Embryonenquerschnitte oder ähnlich großer Objekte ermöglicht (Anschnittflächen bis 1 cm^2). Aus diesen Gründen wird im folgenden die Präparation einer Zange und die Vorgangsweise des Messerbrechens detailliert geschildert.

Als Zange verwendet man ein Modell mit langen Hebelarmen, bei dem man die Schneiden so abschleift, daß sie flach aufeinander drücken. Die so präparierten Branchen werden in der illustrierten Weise mit drei Streifen eines selbstklebenden Textilbandes überzogen, so daß auf einer Seite eine mittlere Unterlage gebildet wird, auf der anderen Seite zwei dagegen pressende, lateral symmetrisch postierte Widerlager (Abb. 1-1). Damit läßt sich Glas beliebiger Dicke, das mit einem Diamant oder mit einem anderen Schneidegerät geritzt ist, sehr präzise brechen. Um ohne Zeitverlust für die Messerbereitung Glasstreifen ritzen zu können, fertigt man am besten eine entsprechende Schablone an (Abb. 1-2, 1-3).

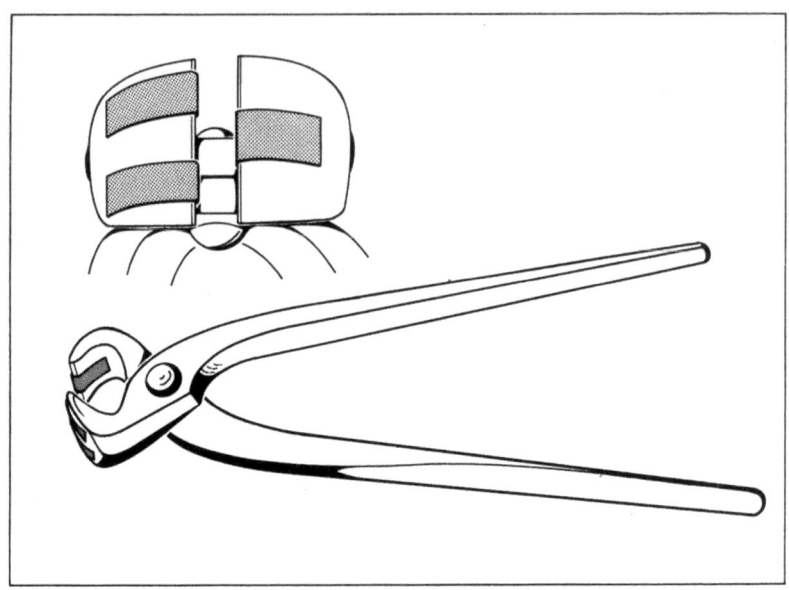

Abb. 1-1. Zum Messerbrechen präpariert man eine gewöhnliche Beißzange mit langen Griffen, die eine ausreichende Hebelwirkung gewährleisten. Die Schneide der Branchen ist abgeschliffen, damit die Streifen von Textilklebeband (Firma Tesa) nicht sofort durchschnitten werden

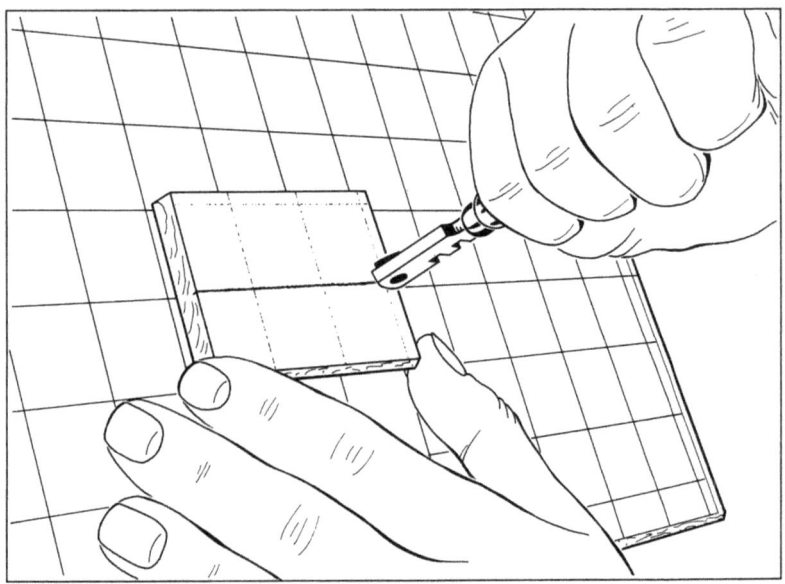

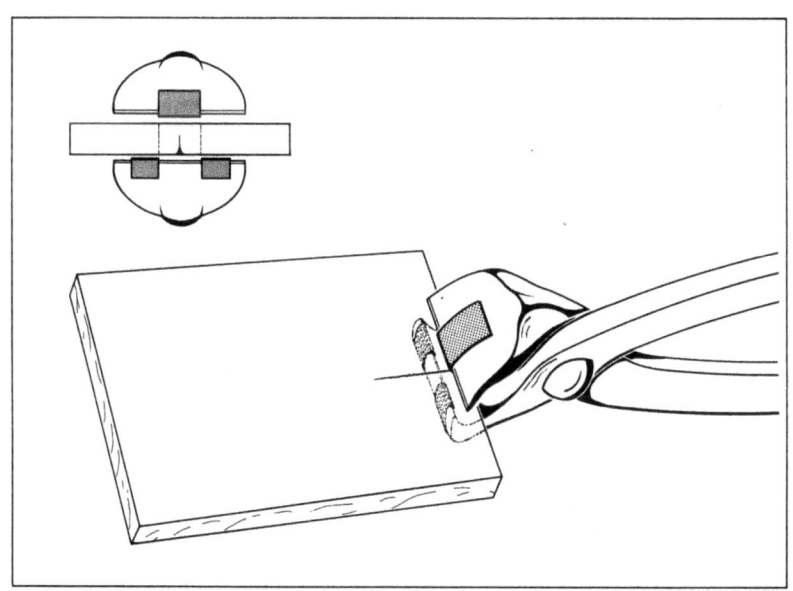

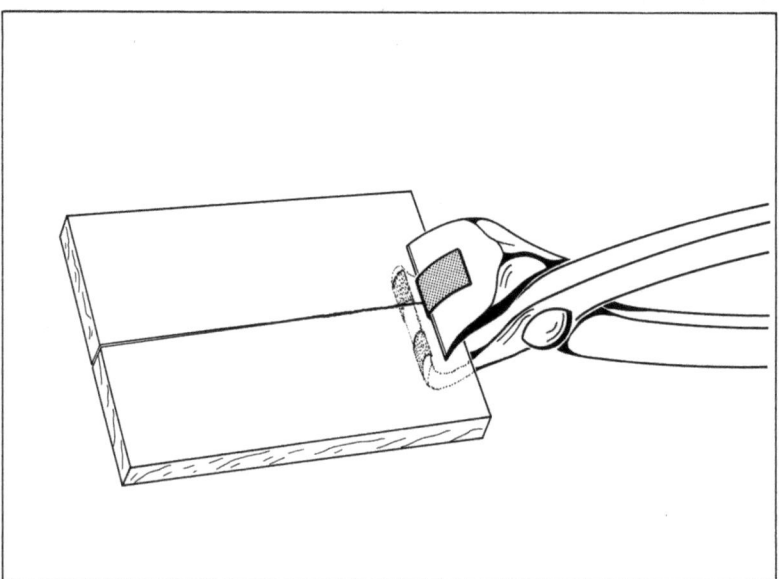

Abb. 1-3, 1-4. Das Ansetzen der Zange. Die Bruchlinie setzt im Idealfall die geritzte Spur geradlinig fort

◄ **Abb. 1-2.** Am Platz zum Messerbrechen ist es zweckmäßig, auf einer Kartonunterlage mit Rastereinteilung von 2×2 cm zu arbeiten. Zuerst werden 2 cm breite Glasstreifen vorgerichtet, aus denen dann Quadrate gebrochen werden (vgl. Abb. 1–5)

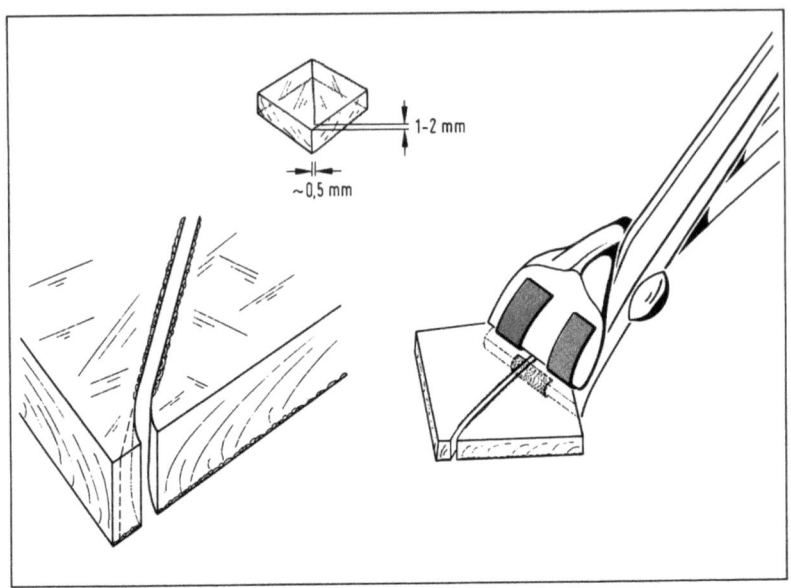

Abb. 1-5. Beim Anritzen zum Brechen der Messerschneide zielt man etwas unter die Kante des Glasquadrates (oben Mitte). Die Bruchlinie läuft meist noch etwas weiter aus der Richtung zur linken Seite

Die Präparation des Wassertroges für die einzelnen Messer besorgt man mit einem Metallklebeband (Firma 3M) und Dentalwachs, das mit Hilfe einer Hohlsonde in den Grund des Troges getropft wird. Von diesem Wachsreservoir aus zieht man mit einer heißen Nadel oder Pinzettenspitze einen Streifen Wachs in der Hohlkehle zwischen Glas und Klebeband hoch bis knapp an die Messerkante, um so den Trog zur Gänze abzudichten (Abb. 1-6, 1-7).

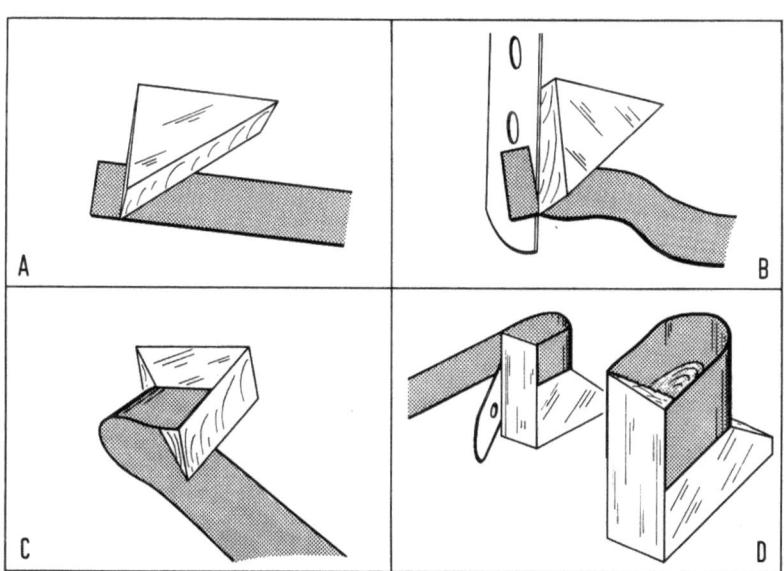

Abb. 1-6. Als Messertrog wird ein Metallklebeband (z. B. „Scotch Pressure Sensitive Tape" der Firma 3M, 12 mm breit) parallel zur Basis des Messers um die schrage Kante geführt (A bis D). Mit einer Rasierklinge schneidet man das Klebeband entlang der senkrechten Messerkanten bündig ab (B, D)

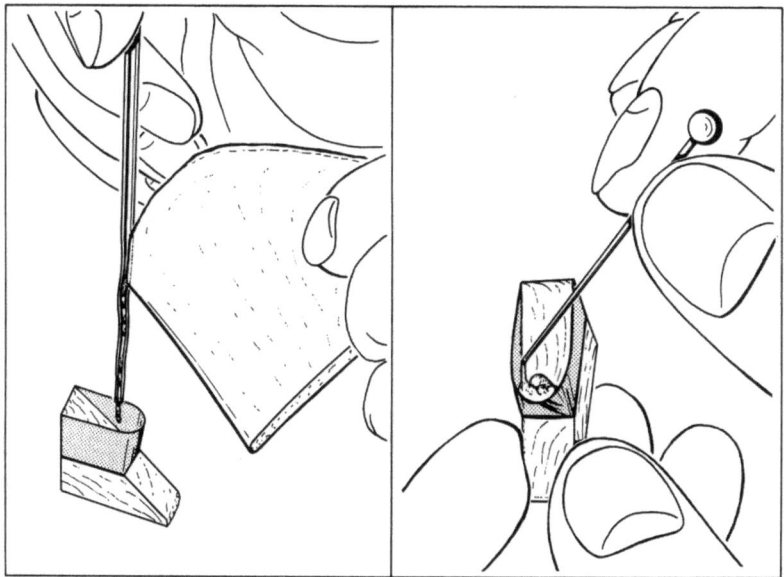

Abb. 1-7. Um den Messertrog zu dichten wird Dentalwachs mit Hilfe einer erhitzten Hohlsonde eingetropft (links) und von diesem Wachsreservoir aus mit einer heißen Nadel in der Kante zwischen Klebeband und Glas zur Schneide hochgezogen (rechts)

§2. Mischen und Aufbewahren der Kunstharze

Das zur Einbettung vorzubereitende Harz wird am besten in größeren Portionen (etwa 1 l Harz) im Vorrat gemischt. Dazu benützt man einen Mixer. Das fertige Harz wird in kleineren Portionen zu etwa 10 oder 20 ml in weithalsige Pulverfläschchen abgefüllt, verkorkt und im Tiefkühlfach aufbewahrt. Die genauen Mengenverhältnisse der Komponenten entsprechen den Erfahrungstatsachen des jeweiligen Labors; deshalb können die in den folgenden Abschnitten gegebenen Relationen nur als Richtwerte aufgefaßt werden. Auch mit zeitlich unterschiedlichen Lieferungen der Harzkomponenten können geringfügige Modifikationen nötig werden, um die Konsistenz den Erfordernissen optimal anzugleichen. Das Mischen mit einem Handmixer kommt nur für solche Harzarten infrage, bei denen Peroxide zur Polymerisationsbeschleunigung zugesetzt werden. Bei Einbettungen, die ohne Peroxide, allein durch UV-Bestrahlung aushärten sollen, muß man darauf achten, beim Mischen der Komponenten möglichst wenig Sauerstoff einzubringen, da dieser die Polymerisation stört. Es wird dann von Hand gemischt.

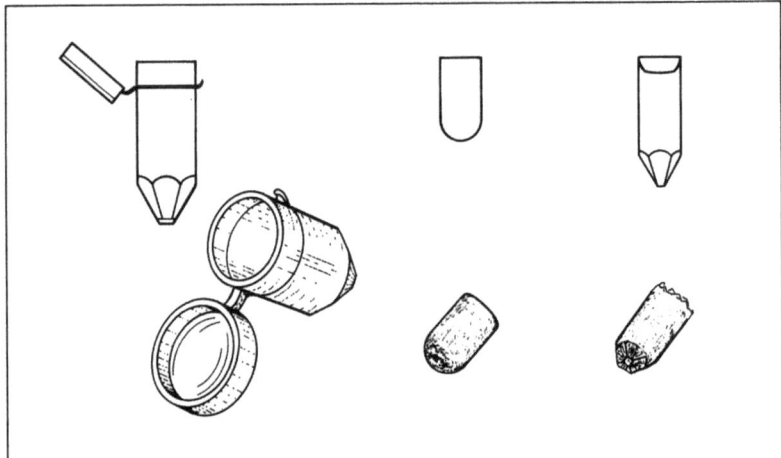

Abb. 2-1. Zum Ausgießen werden die Präparate meist in passend geformte Kapseln aus Kunststoff (Beem-Kapseln, links), oder in vorgetrocknete Gelatinekapseln (Mitte) gebracht. Die Kunststoffkapsel kann mit der Rasierklinge nach dem Polymerisieren aufgeschnitten werden, die Gelatinekapsel splittert beim Zufeilen der Pyramide ab (rechts) Beam-Kapseln eignen sich besonders für Einbettungen bei denen Sauerstoffzutritt verhindert werden soll

Abb. 2-2. Im Handel werden als Halterungen für Gelatinekapseln zahlreiche Formen von Kunststoffplättchen angeboten. Allerdings leistet Wellpappe, die man mit dem Bleistift perforiert, dieselben Dienste. Für kleine Flacheinbettungen sind Ausgießformen mit eingestanzter oder aufgeprägter Nummerierung erhältlich

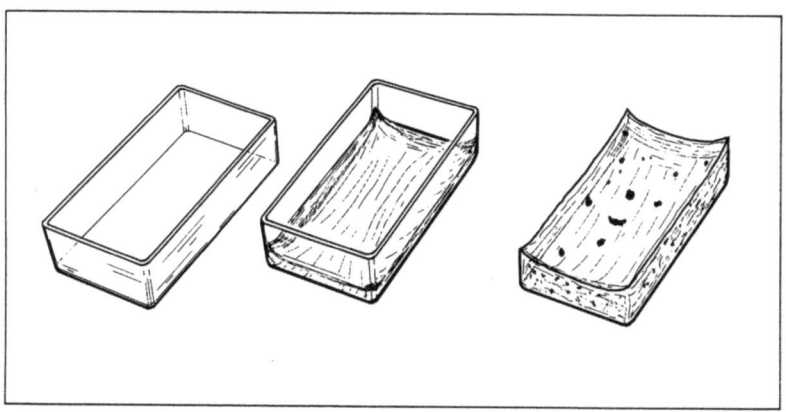

Abb. 2-3. Für größere Flacheinbettungen besorgt man sich Kunststoffschalchen (links), die mit einer 1–2 mm hohen Harzschicht vorpolymerisiert im Vorrat gehalten werden (Mitte). Nach dem Polymerisieren der Einbettung kann das Kunststoffschalchen weggebrochen werden (rechts), oder es wird zusammen mit dem Harz beim Aussägen der Blocke geschnitten

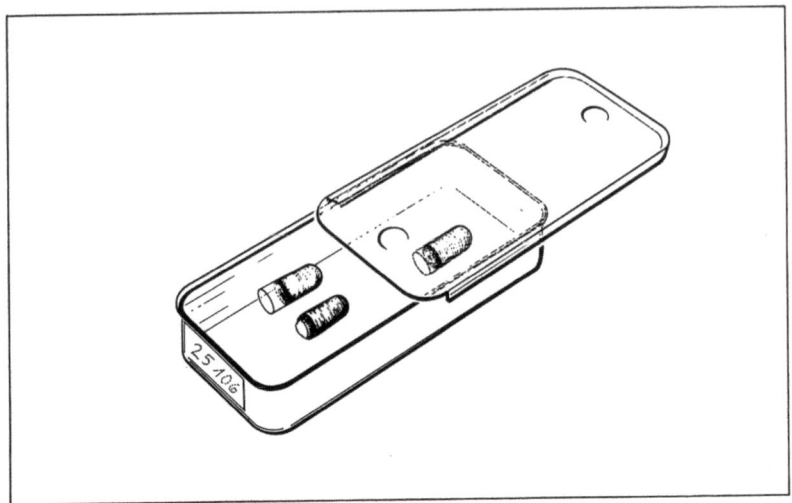

Abb. 2-4. Zum Archivieren der Blöckchen eignen sich besonders flache Plexiglasschachteln mit Schiebeverschluß, die im Handel in verschiedenen Formaten erhältlich sind. Das abgebildete Modell mißt 7 × 35 × 70 mm

§3. Methacrylate

Die Einbettung in Methacrylate eröffnete die Ära der routinemäßigen Präparation biologischer Gewebe für elektronenmikroskopische Dünnschnitte [1]. Man verwendet Mischungen aus *n*-Butylmethacrylat und Methylmethacrylat, wobei die gewünschte schneidbare Härte durch die Wahl eines geeigneten Verhältnisses zwischen weichem Butyl- und hartem Methylmethacrylat abgestimmt wird. Die Polymerisation erfolgt durch Wärme (dabei dienen als Katalysatoren Benzoylperoxid, Luperco, oder AIB = 2,2-azo-bis-isobutyronitril) oder durch Ultraviolettlicht (mit AIB, Benzoin oder Uranylnitrat als Katalysatoren).

Der Nachteil der Methacrylateinbettung liegt in der beträchtlichen Schrumpfung der Präparate – die bis zu 20 % betragen kann – und in der geringen Widerstandsfähigkeit bei der Belastung unter dem Elektronenstrahl. Daher werden Kunststoffe dieser Reihe heute kaum mehr für Routine-Elektronenmikroskopie verwendet, wohl aber für lichtmikroskopische Zwecke oder – als wassermischbare Einbettungsmedien – für spezielle histochemische Fragestellungen.

Methacrylate sind flüchtige, unangenehm riechende Flüssigkeiten, die mit Stabilisatoren versehen (meist Hydrochinon) geliefert werden, um Polymerisation während der Lagerung oder während des Transports zu verhindern. Gewöhnlich wird angegeben, daß die Stabilisatoren vor Gebrauch auszuschütteln sind.

Entstabilisierung: Im Scheidetrichter wird die Flüssigkeit zuerst mit 5–10 %iger NaOH so oft ausgeschüttelt, bis die wäßrige Phase ungefärbt bleibt. Dann wird die im Methacrylsäureester gelöste Lauge mit Aqua dest. ausgeschüttelt und zuletzt das gelöste Wasser durch Versetzten mit $NaSO_4$ (Schütteln und Filtration) entfernt. Die so gereinigten Flüssigkeiten sind im Kühlschrank haltbar.

Eine sorgfältige und vollständige Entstabilisierung muß nicht unbedingt von Vorteil sein. Nach Pease [2] kommt es durch zurückbleibende Stabilisatoren zu einer gleichmäßigeren, weil langsameren Polymerisation. Ein Standardschema für Methacrylateinbettung gibt die folgende Rezeptur [3]:

Methode zur Methacrylateinbettung

1 Entwässern in steigender Alkoholreihe
2 Mischung aus gleichen Teilen Äthanol:
   Einbettungsgemisch 1 Std
3 *Einbettungsgemisch,* bestehend aus *n*-Butylmethacrylat und Methylmethacrylat (Mischungsverhältnisse zwischen 9,5:0,5 und
   7:3) + 5% Divinylbenzol + 1% Benzoylperoxid.
   Nach einer Stunde in neues Einbettungsgemisch ausgießen; vor
   der Polymerisation eine Stunde warten.
4 *Polymerisation:* Über Nacht bei 60 °C, oder einen Tag bei 50 °C,
   oder unter UV-Licht 1−2 Tage.

Das fertige Einbettungsgemisch kann bei 4 °C einige Wochen aufbewahrt werden. Das Gemisch soll vor Licht geschützt und mit einem Trok-
kenmittel eingeschlossen sein.

Das Einbettungsmittel ist flüchtig. Am besten verwendet man zur Einbettung Beem-Kapseln, die vollständig gefüllt und dann mit dem Deckel
verschlossen werden.

Um Schrumpfungen während der Polymerisation zu vermeiden oder zu
verringern, wird die Verwendung von vorpolymerisierten Methacrylaten
empfohlen. Zum Vorpolymerisieren wird das fertige Einbettungsmedium in
einem Becher im Wasserbad bis 90 °C erhitzt, bis die Konsistenz zunimmt.
Nach dem Durchdringen der Präparate mit gewöhnlichem Einbettungsmedium führt man dann in das teilweise vorpolymerisierte Harz über. Wegen
der höheren Konsistenz der vorpolymerisierten Medien ist die Durchdringung der Präparate oft nicht befriedigend. Daher wird unter diesen Bedingungen eine erhöhte Polymerisationstemperatur (70−80 °C) empfohlen, um
so die erhöhte Viskosität des vorpolymerisierten Mediums wieder auszuglei-
chen.

Im folgenden werden einige speziellere Anwendungsmöglichkeiten der
Methacrylateinbettung beschrieben.

[1] Newman SB, Borysko E, Swerdlow M (1949) Ultra-microtomy by a new method.
     J Res Natl Bureau Standards (USA) [Res Paper RP 2020] 43:183−199
[2] Pease DC (1964) Histological techniques for electron microscopy. 2nd edn. Aca-
     demic Press, New York London
[3] Kushida H (1961) A new embedding method for ultrathin sectioning using a
     methacrylate resin with three dimensional polymer structure. J Electron Microsc
     (Tokyo) 10:194−199

A. Methylmethacrylat (Polymethylmethacrylat) für Hartmikrotomie [1]

Wegen der guten Durchdringung auch großer Gewebestücke hat Methylmethacrylat in der Lichtmikroskopie als Einbettmittel seinen Platz behauptet. Vor allem für die Herstellung von Hartmikrotomschnitten von unentkalktem Knochengewebe und für die Präparation von Dünnschliffen eignet es sich hervorragend [2]. Das Einbettmittel läßt sich mit 2-Methoxyäthylacetat oder mit Xylol oder Aceton herauslösen, sodaß alle histologischen Färbemethoden mit geringen Modifikationen angewendet werden können.

Methode zur Einbettung mit Polymethylmethacrylat

1 Auswaschen der Fixierlösung mit Äthanol: Mit 40% Äthanol nach wäßrigen Lösungen, mit 80% Äthanol nach Schaffer'-schem Gemisch, beginnen. 40%, 70% (80%) und 96% Äthanol, *jeweils*   1–2 Tage
2 Absoluter Alkohol   1 Tag
3 Äthanol/Aceton = 1:1   1 Tag
4 Absoluter Alkohol   1 Tag
5 Reines Methylmethacrylat   2 Tage
6 Reines Methylmethacrylat   2 Tage
7 *Einbettungsgemisch* bei Raumtemperatur eindringen lassen (einige Stunden), dann in Wasserbad bei 26 °C einstellen   2 Tage
8 *Polymerisieren:* Täglich das Wasserbad um 2 °C wärmer einstellen, bis die Blöcke ausgehärtet sind (dies ist üblicherweise zwischen 30 und 35 °C der Fall).

Zubereitung des Einbettungsgemisches

1 10 ml Methylmethacrylat mit
2 2–2,5 ml Plastoid N (Nonylphenol-polyglycol-ätherazetat [3]) mischen (Weichmacher), dann
3 0,3 g Benzoylperoxid einrühren (30 min am Magnetrührer; die Substanz muß vorher im Trockenschrank bei 45 °C 24 h getrocknet werden; *Explosionsgefahr!*).

Dieses verwendungsbereite Gemisch ist im Tiefkühlfach haltbar.

Die Zeiten bei der Entwässerung und Durchtränkung mit reinem Methylmethacrylat können bei Verwendung eines Einbettautomaten drastisch verkürzt werden (kleine Proben, wie Knochenbiopsien, sind in 24 h bereit zum Ausgießen). Zum Ausgießen verwendet man am besten Glasgefäße, die gut luftdicht verschließbar sind (Korkverschluß reicht fast nicht aus, am besten Blechdeckel mit Drehverschluß oder luftdichte Schnappdeckel; *Beachte* · manche Plastikmaterialien werden vom Lösungsmittel angegriffen).

Zur Markierung der Blöcke werden mit Bleistift beschriebene Papierstreifen mit eingebettet.

[1] Abschnitt 3 A. von Prof. Dr. H. Plenk jr., Histologisch-Embryologisches Institut der Universität, Labor für Biomaterial- und Stützgewebeforschung, Wien
[2] Schenk R (1965) Zur histologischen Verarbeitung von unentkalkten Knochen. Acta Anat 60:3–19
[3] Plastoid N von Fa. Röhm Pharma (Röhm & Haas), Weiterstadt. D-6100 Darmstadt, Postfach 4168 (BRD)

B. Hydroxyäthylmethacrylat (Glycolmethacrylat) für konventionelle Histologie

In letzter Zeit wird von Fa. Kulzer [1] unter der Bezeichnung *Technovit 7100* ein komplettes System zur Einbettung in Hydroxyäthylmethacrylat angeboten. Obwohl das Harz für konventionelle lichtmikroskopische Technik als Ersatz der Paraffineinbettung konzipiert ist, läßt es sich auch am Ultramikrotom mit Glasmessern schneiden. Der Einbettungsvorgang ist unkompliziert nach den Angaben der Firma durchzuführen. Das Harz härtet in Stunden. Man schneidet am besten trocken und bringt die Schnitte mit der Pinzette in einen Wassertropfen am Objektträger. Bei mäßiger Temperatur am Wärmetisch (35 °C) strecken sich die Schnitte und haften nach dem Antrocknen problemlos während der Färbevorgänge. Ohne Herauslösen des Harzes lassen sich die konventionellen histologischen Färberezepte anwenden; z. B. kann man mit Haematoxylinlösungen, wie mit Harris' oder Mayers' Haematoxylin unmittelbar eine kräftige Kernfärbung erzielen. So wäre diese Harzart für lichtmikroskopische Zwecke ideal, zumal sich Methacrylate einfach aus den Schnitten lösen lassen (s. §8).

Wegen der niedrigen Polymerisationstemperatur von 30–32 °C bleiben Aktivitäten besonders robuster Enzyme erhalten, und es läßt sich in solchen Schnitten zumindest ein Teil z. B. der alkalischen Phosphataseaktivität nachweisen.

Leider ist es problematisch, Dünnschnitte von solchen Blöcken zu erhalten, sodaß ein Studium der Feinstruktur in Folgeschnitten unmöglich ist.

Wer über die Firmenangaben hinaus an dieser Methode interessiert ist, sei auf die zusammenfassende Darstellung von Bennett et al. verwiesen [2].

[1] Fa. Kulzer & Co. GmbH, Wehrheim/Ts., Bereich Technik, D-6382 Friedrichs-dorf, Postfach 1320 (BRD)
[2] Bennett HS, Wyrick AD, Lee SW, McNeil JH (1976) Science and art in preparing tissues embedded in plastic for light microscopy, with special reference to glycol methacrylate, glass knives and simple stains. Stain Technol 51:71–97

C. Glycolmethacrylat: Mit Wasser mischbares Monomer

Glykolmethacrylat (*GMA*, Äthylenglycol-monomethacrylat, Methacrylat-säure-(2-hydroxy-äthylester)) ist in monomerer Form vollkommen mit Was-ser mischbar. Es ist eine klare, farblose Flüssigkeit, die ihre niedrige Viskosi-tät auch bei tiefen Temperaturen beibehält. Sie läßt sich daher verwenden, um die wäßrige Phase der Präparate zu ersetzen (Entwässerung), um mit UV-Licht bei tiefen Temperaturen (ab − 40 °C) polymerisiert zu werden, oder um an gefrorenen Proben direkt zur Gefriersubstitution benützt zu werden. Natürlich kann in gewohnter Weise auch GMA durch Wärmepoly-merisation gehärtet werden. Dabei wird 1 % Ammoniumpersulfat als Kata-lysator zugesetzt. Dies ist bei UV-Polymerisation nicht nötig.

Die GMA-Einbettung ist als Grundlage für die zytochemische Technik der spezifischen Verdauung von DNS und RNS an Dünnschnitten bekannt geworden [1, 2], auch andere Enzyme lassen sich an solchen Schnitten an-wenden. Polymerisate von reinem GMA lassen sich nur schwer schneiden, weshalb geringe Mengen von *n*-Butylmethacrylat als Weichmacher zuge-setzt werden [2]. GMA muß nicht entstabilisiert werden.

Methode zur Entwässerung und Einbettung mit Glycolmethacrylat

1	Aldehydfixierung, Auswaschen mit Puffer	
2	80 % GMA in Aqua dest., bei 4 °C	15 min
3	97 % GMA in Aqua dest., bei 4 °C	15 min
4	1 Teil 97 % GMA + 1 Teil Einbettungsgemisch, bei 4 °C	15 min
5	*Einbettungsgemisch*, bestehend aus 97 % GMA in Aqua dest.: 7 Teile (Vol) + *n*-Butylmethacrylat (nicht entsta-bilisiert) mit 2 % Lupercopaste = Benzoylperoxidpaste: 3 Teile (Vol)	15 min
6	*Polymerisation*: Bei 3 °C unter UV-Licht über einen Tag, eventuell länger.	

Die Präparate bringt man in Gelatinekapseln, nicht in Polyäthylenkapseln. Die Kapseln werden zur Gänze gefüllt und verschlossen. Zur Polymerisation eignet sich am besten langwelliges UV-Licht (Wellenlänge > 315 nm). Die Gelatinekapseln sollen dabei nur 1–2,5 cm von der Lampe entfernt sein [2].

Um das Harz nicht spröde werden zu lassen, kann an Stelle von *n*-Butylmethacrylat auch Polyäthylenglycol verwendet werden, z. B. vom Molekulargewicht 400. Es werden etwa 5% zugesetzt [3].

[1] Leduc EH, Marinozzi V, Bernhard W (1963) The use of watersoluble glycol methacrylate in ultrastructural cytochemistry. J R Microsc Soc 81:119–130
[2] Leduc EH, Bernhard W (1967) Recent modifications of the glycol methacrylate embedding procedure. J Ultrastruct Res 19:196–199
[3] Bennett HS, Wyrick AD, Lee SW, McNeil JH (1976) Science and art in preparing tissues embedded in plastic for light microscopy, with special reference to glycol methacrylate, glass knives and simple stains. Stain Technol 51:71–97

D. Glycolmethacrylateinbettung für histochemische Reaktionen

Methacrylate können mit UV-Licht ohne Initiatorzusatz polymerisiert werden. Die Energie der Lichtquelle reicht aus, um die Polymerisation durch Radikalbildung in Gang zu bringen [1]. Diese Tatsache ermöglicht es, bei Raumtemperatur, im Eisschrank, oder bei noch tieferen Temperaturen zu polymerisieren. Die Enzymaktivitäten werden thermisch nicht zerstört (die Polymerisation ist ein exergoner Prozeß!). Gleichzeitig fehlen die ebenfalls für Enzymaktivitäten oft deletären Initiatoren. Verwendet man gefriergetrocknetes Gewebe, umgeht man darüber hinaus die Enzyminaktivierung durch die Fixierung. Diese Technik wurde von *Heinz von Mayersbach* et al. eingeführt [2]:

Methode zur Glycolmethacrylateinbettung nach Gefriertrocknung

1 Gewebe einfrieren und Gefriertrocknen
2 *Einbettungsgemisch:* 12 Teile Glycolmethacrylat + 1 Teil Polyäthylenglycol 400 (Carbowax 400)
Um das Gewebe gut zu durchdringen, bleiben die Proben bei
Raumtemperatur über Nacht im Vakuum
3 *Polymerisation:* In Gelatinekapseln, die zur Gänze gefüllt werden
und verschlossen sein sollen (Sauerstoffzutritt verhindern), etwa
30 cm von der UV-Lampe entfernt (Philips HBW/125WK6), etwa
für 24 h. Die Kapseln sollen ein- bis zweimal in ihrer Position zur
Lampe verändert werden.

Diese Vorgangsweise ohne Initiator bringt auch den Vorteil, daß es zu
keiner vorzeitigen Polymerisation während der Durchdringung der Präparate kommen kann. Im so eingebetteten Material können Phosphatasen am
Semidünnschnitt sehr gut nachgewiesen werden. Dem Inkubationsmedium
werden 10% Dimethylsulfoxid (DMSO) zugesetzt, die Inkubationszeit ist
etwas länger als üblich. Auch antigene Eigenschaften der Proteine bleiben
ausgezeichnet erhalten [2].
Eine Zusammenstellung verschiedener histochemischer Färbungen für
Semidünnschnitte von Blöcken eines wasserlöslichen Methacrylharzes JB-4
der Fa. Polyscience Inc. (Warrington, Pa.), das sehr wahrscheinlich Hy-
droxiäthylmethacrylat repräsentiert, findet man in einer Publikation von
Higuchi et al. [3]. Die Autoren führten eine konventionelle Aldehydfixierung
durch, entwässerten und führten die Gewebe in das Harzmonomer über.
Unspezifische Esterase, saure Phosphatase (Trimetaphosphatase), β-Galac-
tosidase und Cytochromoxidase konnten anstandslos nachgewiesen werden.
Interessanterweise mißlang aber die Reaktion für alkalische Phosphatase,
was bei der zuvor gegebenen Methode für Glycolmethacrylateinbettung
nach Gefriertrocknung nicht der Fall ist.

[1] Plattner H (1975) Die Entwässerung und Einbettung biologischer Objekte für die
Elektronenmikroskopie. In· Schimmel G, Vogell W (Hrsg) Methodensammlung
der Elektronenmikroskopie, Kapitel 2.3.1 Wissenschaftl Verlagsges., Stuttgart
[2] Mitrenga D, Arnold W, v. Mayersbach H (1974) Freeze-drying and embedding in
glycol methacrylate (GMA). The results of morphological, histochemical and
immunohistological investigations. Histochemistry 39:313–326
[3] Higuchi S, Suga M, Dannenberg AM, jr, Schofield BH (1979) Histochemical
demonstration of enzyme activities in plastic and paraffin embedded tissue sections. Stain Technol 54.5–12

§4. Epoxiharze

Epoxiharze lösten die Acrylharze zur routinemäßigen Einbettung für elektronenmikroskopische Präparate ab. Ihr wesentlicher Vorteil liegt in der gleichmäßigen Aushärtung und geringen Schrumpfung während dieses Prozesses. Erste Versuche für diese Art der Einbettung wurden 1956 durchgeführt [1, 2]. Seither ist die Methodik perfektioniert und im wesentlichen beherrschen die Produkte Epon 812 und Araldit den Markt. Die Grundlage des Harzes liefert ein Diepoxid, das mit dem Anhydrid einer Dicarbonsäure als Härter unter Öffnen der Epoxidringe zu einem Polyesteralkohol umgesetzt wird. Als Beschleuniger dienen tertiäre Amine. Eine Zusammenstellung der zahllosen in der Literatur angegebenen Mischungsverhältnisse findet man bei Glauert [3]. Im folgenden sind die Standardverfahren für Araditeinbettung und Eponeinbettung nach Luft [4] angegeben, wie sie in den meisten Labors für „normale" Gewebe erfolgreich verwendet werden, d. h. für Gewebe, die keine Hartsubstanzen enthalten und gleichmäßig für das Harz penetrierbar sind. Um das Eindringen des Harzes in feinste Kanälchen zu erleichtern, z. B. für Dentinmaterial oder pflanzliches Material, wird das außerordentlich dünnflüssige Medium von Spurr [5] empfohlen.

A. Aralditeinbettung (Araldit 502) [4]

Die Methode verwendet Araldit 502 (Bezeichnung des in den USA hergestellten Produktes; dies entspricht Araldit M oder Araldit CY 212), als Härter DDSA (Dodecenylbernsteinsäureanhydrid) und als Beschleuniger DMP-30 (2,4,6-Tris-(dimethylaminomethyl)phenol).

Methode zur Araditeinbettung	
1 Äthanolentwässerung	
2 Propylenoxid als Intermedium	2 × 15 min
3 Mischung aus gleichen Teilen Intermedium und Einbettungsgemisch	1 h
4 In Einbettungsgemisch ausgießen	
5 *Polymerisieren:* bei 35 °C, 45 °C und 60 °C,	je 1 Tag

Wenn die Präparate in die Mischung aus Propylenoxid und Einbettungsmedium gebracht sind, bleiben sie im offenen Gefäß, z. B. in einem offenen Becherglas stehen, um dem Lösungsmittel Gelegenheit zu geben, zu verdunsten. Das Einbettungsmedium wird in folgender Zusammensetzung gemischt:

Zubereitung des Einbettungsmedium:	
Araldit 502	27 ml
Härter (DDSA)	23 ml
Beschleuniger (DMP-30)	0,75 – 1,0 ml

Der Beschleuniger wird unmittelbar vor Vorwendung zugemischt. Die Abstimmung der Harzkomponenten zur Erzielung der optimalen Schneidekonsistenz erfolgt empirisch, ausgehend von der oben angegebenen mittleren Version.

B. Eponeinbettung (Epon 812) [4]

Das als Basis verwendete Epoxid Epon 812 wird mit zwei verschiedenen Härtern versetzt: DDSA (Dodecenylbernsteinsäureanhydrid) und MNA (Methyl-Nadic®anhydrid = Methylnorbonen-2,3-dicarbonsäureanhydrid). Als Beschleuniger wird DMP-30 eingesetzt (2,4,6-Tris-(dimethylaminomethyl)phenol. Zur besseren Abstimmung der Konsistenz des definitiven Harzes werden mit den beiden Härtern zwei getrennte Ausgangskomponenten angesezt.

Methode zur Eponeinbettung	
1 Äthanolentwässerung	
2 Propylenoxid als Intermedium	2 × 15 min
3 Mischung aus gleichen Teilen Intermedium und Einbettungsgemisch	1 h
4 In Einbettungsgemisch ausgießen	
5 *Polymerisation:* bei 40 °C und bei 60 °C,	je 1 Tag

Auch in diesem Fall läßt man die Präparate in der Mischung aus Propylenoxid und Harz offen im Gefäß stehen (mind. 2 h), damit Propylenoxid abdunsten kann und das Medium auf diese einfache Weise konzentriert wird.

Zubereitung des Einbettungsmediums:

| Mischung A: | Epon 812 | 62 ml |
| | DDSA (Härter) | 100 ml |

| Mischung B: | Epon 812 | 100 ml |
| | MNA (Härter) | 89 ml |

Einbettungsgemisch: Gleiche Teile der Mischungen A und B + 1,5–2,0 % (vol) DMP-30 (Beschleuniger).

Die Aufteilung der Härter in zwei Grundmischungen A und B erlaubt eine sehr feine Abstufung des endgültigen Mischungsverhältnisses und damit der Konsistenz des Polymerisates. Bei allen Einzelkomponenten des Kunstharzes kommen fabrikationsbedingte Schwankungen der Qualität vor, weshalb es nur empirisch möglich ist, die gewünschte Abstufung einer optimalen, gut schneidbaren Härte zu erzielen. Es ist empfehlenswert, nach durchgeführter Testung neuer Lieferungen, eine größere Menge des Einbettungsgemisches (mit Beschleuniger) herzustellen, in kleinere Portionen abzufüllen und im Tiefkühlfach einzufrieren. Nach eigener Erfahrung sind solche Medien monatelange haltbar. Vorsicht ist nur beim Auftauen der Portionen nötig, die erst geöffnet werden sollen, wenn das gesamte Harz Raumtemperatur erlangt hat: Damit verhindert man, daß Luftfeuchtigkeit an den kalten Oberflächen des Harzes kondensiert und so Wasser die Einbettung stört.

C. Spurr's niedervisköses Einbettungsmedium [5]

Basis dieser Harzmischung, die sich durch außerordentlich geringe Viskosität und damit durch gutes Eindringen in feinste Hohlräume auszeichnet, ist VCD (Vinylcyclohexendioxid = ERL-4206), die harte Komponente der Mischung. Zugesetzt werden der weiche Bestandteil D.E.R. 736 (Polypropylenglycol-Diglycidyläther), als Härter NSA (Nonenyl-Bernsteinsäureanhydrid = NBA) und als Beschleuniger S-1 (Dimethylamino-äthanol = DMAE). Diese Chemikalien kauft man am besten nicht einzeln, sondern als Set, wie sie von den Firmen Serva oder Polaron angeboten werden.

Methode zur Einbettung nach Spurr

1   Äthanolentwässerung
2   Zwischenmedium (Propylenoxid) kann entfallen
3   Imbibieren mit Mischung aus gleichen Teilen des letzten Entwäs-
    serungsmittels und Einbettungsgemisch   30 min
4   Imbibieren mit Mischung aus 1 Teil Entwässerungsmittel und 3
    Teile Einbettungsgemisch   30 min
5   Einbettungsgemisch bei Raumtemperatur   über Nacht
    Nach einigen Stunden Behandlung mit reinem Einbettungsge-
    misch wird dieses gewechselt.
6   Ausgießen in Einbettungsgemisch
7   *Polymerisieren: bei* 70 °C.   (s. Zubereitung)

Zubereitung der Einbettungsgemische, Polymerisation [6]

Komponente	Charakteristik				
	Standard	hart	weich	rasch polymeri- sierend	sehr dünn- flüssig
ERL-4206	10,0	10,0	10,0	10,0	10,0
D.E.R.736	6,0	4,0	8,0	6,0	6,0
NBA	26,0	26,0	26,0	26,0	26,0
S-1	0,4	0,4	0,4	1,0	0,2
Polimeri- sationszeit 70 °C	8 h	8 h	8 h	3 h	16 h

Die Mengenangaben sind als Gewichtseinheiten zu verstehen. Das fertig gemischte Einbettungsmedium kann in gefrorenem Zustand einige Tage aufbewahrt werden.

[1] Maaløe O, Birch-Andersen A (1956) On the organization of the „nuclear material" in Salmonella typhimurium. Symp Soc Gen Microbiol 6:261

[2] Glauert AM, Rogers GM, Glauert RH (1956) A new embedding. medium for electron microscopy. Nature 178:803

[3] Glauert AM (1974) Practical methods in electron microscopy. Fixation, dehydration and embedding of biological specimens, vol 3, part 1. North-Holland Publ., Amsterdam Oxford

[4] Luft JH (1961) Improvements in epoxy resin embedding methods J Biophys Biochem Cytol 9:409–414

[5] Spurr AR (1969) A low-viscosity epoxy resin embedding medium for electron microscopy. J Ultrastruct Res 26:31–41

[6] Plattner H (1975) Die Entwasserung und Einbettung biologischer Objekte für die Elektronenmikroskopie. In: Schimmel G, Vogell W (Hrsg), Methodensammlung der Elektronenmikroskopie, Kap 2.3.1 Wissenschaftl. Verlagsges., Stuttgart

§5. Blöcke ausschneiden und trimmen

Nach *Flacheinbettung* erfolgt das grobe Ausschneiden großer und geeignet postierter Blöcke, die in die Halterung der Mikrotomköpfchen eingespannt werden können, mit Hilfe einer kleinen Bügelsäge mit Metallschneideblatt. Laubsägeblätter sind prinzipiell auch geeignet, doch wesentlich empfindlicher. Das Harzstück wird zum Ausschneiden am besten in einen kleinen Schraubstock gespannt.

Wurde in *Gelatine- oder Beem-Kapseln* eingebettet, ist eine direkte Justierung oft nicht mehr möglich. Die Präparate können nur in der vorgegebenen Position angefeilt und dann angeschnitten werden.

Es wird aber in vielen Fällen wünschenswert sein, die Lage des angeschnittenen oder anzuschneidenden Präparates entscheidend zu ändern. Häufig kommt es auch vor, daß bei Flacheinbettungen die Präparate im weichen Harz etwas zur Seite an den Rand schwimmen und nach dem Polymerisieren nicht mehr optimal zu justieren sind. Es ist auch denkbar, daß ein lichtmikroskopischer Anschnitt mehrere interessante Objekte zeigt, die aber so weit auseinander gelegen sind, daß sie nicht auf einen Dünnschnitt passen. In diesem Fall wünscht man das Blöckchen zu teilen, um es getrennt weiter verarbeiten zu können.

Für all diese Zwecke polymerisiert man mit Harz gefüllte Gelatinekapseln (leer, d.h. ohne Präparate) und hält sie in Vorrat. Die Spitzen dieser Kapseln werden etwas flach angefeilt, die neu zu orientierenden Präparate mit wenig umgebendem Harz ausgeschnitten (oder Teile eines angeschnittenen Blockes mit der Rasierklinge abgetrennt) und auf die Harzkapsel geklebt. Dazu eignet sich das zur Einbettung verwendete Harz, falls man genügend Zeit für das neuerliche Polymerisieren aufwenden will, oder man verwendet einen rasch härtenden Kunststoff als Kleber. Ideal für diesen Zweck hat sich *Technovit 3040* der Fa. Kulzer [1] bewährt. *Achtung:* Der Kleber löst das Harz der Einbettung peripher auf. Wenn Teile eines Präparates vom Block abgetrennt wurden, die nicht mehr von leerem Harz umgeben sind, muß das Fragment erst wieder in einer Kapsel oder anderen Form in Harz eingegossen werden und kann erst dann weiter verarbeitet werden.

Das Zutrimmen der Pyramide erfolgt zuerst freihändig mit einer Feile oder mit einer Fräse, die in einen Bohrhalter für Zahnärzte eingespannt wird. Erst dann befestigt man die Präparatehalter am Mikrotom und trimmt, sofern dies erforderlich ist, noch fein mit einer Rasierklinge zu. Eigene Geräte, die zum Fräsen der Pyramiden angeboten werden, sind unnötig. Auch das Zuspitzen der Pyramiden für den Dünnschnitt nach dem lichtmikroskopischen Anschnitt, besorgt man mit der Rasierklinge unter dem Präpariermikroskop des Mikrotoms.

[1] Fa. Kulzer & Co. GmbH, Wehrheim/Ts, Bereich Technik, D-6382 Friedrichs-dorf, Postfach 1320 (BRD)

§6. Auflegen der Schnitte, Eindecken

Am Ultramikrotom können Harzschnitte bis zu einer Dicke von etwa 2 μm geschnitten werden, dickere Schnitte rollen sich ein, strecken sich schlecht am Wassertropfen oder im Messertrog. Üblicherweise schneidet man unter Verwendung des mechanischen Vorschubes zwischen 0,5 und 1,5 μm dick.

Die Vorbereitung beginnt mit dem Reinigen der Objektträger. Schnitte, die an einen ideal gereingten Objektträger getrocknet werden (bei 60–80 °C), schwimmen auch während lange dauernder Färbungen mit agressiven Medien oder nach dem Entfernen des Harzes nicht ab. Es ist nicht nötig, die Objektträger mit Gelatine oder Eiweiß-Glycerin zu präparieren. Zur Reinigung verwendet man am besten ein Gemisch aus Äther und Alkohol (etwa im Verhältnis 1 : 5). Dabei genügt es nicht, die Objektträger in diese Mischung einzustellen, sondern man muß sie kräftig mit einem Leinentuch abreiben. Manche Lieferungen von Objektträgern sind derart mit Fabrikstaub und Silikonauflagerungen inkrustiert, daß sie selbst durch intensivstes Reiben nicht vollständig zu reinigen sind. Bringt man einen Tropfen Aqua dest. auf solch eine Glasfläche, so fließt er flach auseinander. Dies ist sehr unangenehm, wenn z. B. für Serienschnitte geordnete Reihen von Tropfen aufzubringen sind, und es ist in solchen Fällen unumgänglich, die Hersteller zu wechseln.

Die Wassertropfen werden mit einer Pasteurpipette, einer kleinen (1 oder 2 ml) Injektionsspritze, oder mit einer Plastikflasche, durch deren Schraubverschluß von innen nach außen eine Injektionsnadel gesteckt ist, gesetzt. Bei einiger Übung ist es ohne weiteres möglich, drei Reihen zu je 8–10 Tropfen pro Objektträger aufzutragen.

Die Schnitte werden aus dem Wassertrog des Messers mit einem Glasstäbchen, an dessen Ende ein kugelförmiges Köpfchen angeschmolzen ist, übertragen. Man kann auch eine Platinöse oder einen kleinen Pinsel verwenden. Erst wenn alle Tropfen auf dem Objektträger mit der gewünschten Anzahl von Schnitten versehen sind, legt man ihn auf den Heiztisch, der auf 60 °C erhitzt ist. Während des langsamen Aufwärmens strecken sich die Schnitte. Die Temperatur soll nicht zu hoch gewählt werden, damit für diesen Prozess genügend Zeit bleibt. Wird man ungeduldig und erhitzt die Platte zu stark, kann es auch zur Bildung von Dampfbläschen unter den Schnitten kommen, die dann beim Antrocknen als störende Unregelmäßigkeiten erhalten bleiben. Erst wenn die Schnitte gänzlich angetrocknet sind, kann man die Objektträger für 10–20 min auf 80–100 °C erhitzen, um die Schnitte durch dieses Einbrennen noch fester haftend zu machen.

Die Schnitte werden in der Küvette oder auf der Heizplatte gefärbt. In letzterem Fall wird mit einer Pasteurpipette nur ein Tropfen der Färbelösung aufgebracht. Man soll dabei beachten, daß die Färbelösung nicht eintrocknet, da die inkrustierten Farbreste nur nach längerem Spülen abzulösen sind, so daß auch die gewünschte Anfärbung des Präparates an Kontrast verliert. Verwendet man teure Reagenzien und möchte verhindern, daß der aufgebrachte Tropfen zu weit auseinanderfließt, kann dies durch Einritzen eines Kreises um den Schnitt mit dem Diamantschreiber verhindert werden.

Nach der Färbung werden die Schnitte gewöhnlich gespült, auf der Heizplatte getrocknet und mit Hilfe eines synthetischen Harzes eingedeckt (z. B. DPX [Depex], Entellan, Parmount, usw.). Wo dies fehlt, kann man sich mit einem Tropfen des Einbettungsmittels, also etwa Epon oder Araldit, behelfen [1]. Für manche Zwecke, z. B. wenn an die abgelaufene Färbung ein weiterer Schritt angeschlossen werden soll, oder wenn man im wäßrigen Milieu die metachromatische Färbbarkeit einer Struktur beurteilen will, genügt es, nach dem Spülen ein Deckglas aufzulegen und die Schnitte in Wasser zu mikroskopieren [2].

Möchte man die Präparate archivieren, so ist zu bedenken, daß eingedeckte Schnitte rascher ausbleichen als solche, die nach der Färbung ohne Deckglas aufbewahrt werden. Als schonendstes Einschlußmedium, bei dem die Färbung längere Zeit ungemindert erhalten bleibt, hat sich Immersionsöl bewährt. Auf den getrockneten Schnitt wird ein Tropfen Immersionsöl gebracht, dann das Deckglas darüber gelegt. Um das Deckglas in seiner Lage zu sichern, werden die Ränder mit Nagellack nachgezogen. Dieses Vorgehen hat auch den Vorteil, daß das Deckglas einfach wieder entfernt werden kann, um den Schnitt für weitere Untersuchungen zu nützen (Entfernen des Immersionsöles s. § 31).

Bei manchen Untersuchungen ist es wünschenswert, identische Zellen im licht- und elektronenmikroskopischen Bild zu dokumentieren. Natürlich ist es möglich, dazu den lichtmikroskopischen Anschnitt zu färben, eine geeignete Stelle auszuwählen, diese für die Ultramikrotomie zuzuspitzen und dann zu versuchen, die ersten Dünnschnitte aufzufangen. Es ist jedoch sicherer und bequemer, erst die Dünnschnitte anzufertigen, davon ein Netzchen aufzufischen, um danach den ersten Semidünnschnitt für die gewünschte lichtmikroskopische Färbung zu verwenden. Man studiert so korrespondierende Stellen in mehrfach alternierenden licht- und elektronenmikroskopischen Schnittfolgen.

Beabsichtigt man Semidünnschnitte als Serienschnitte anzufertigen, ohne daß das Material für elektronenmikroskopische Untersuchungen ver-

24

wendet werden soll, empfiehlt sich zur Einbettung eine etwas weichere Harzmischung; Araldit ist Epon vorzuziehen. So lassen sich mit einem Messer oder mit derselben Messerstelle mehr glatte Schnitte gewinnen, als es bei hartem oder gar sprödem Harz der Fall ist.

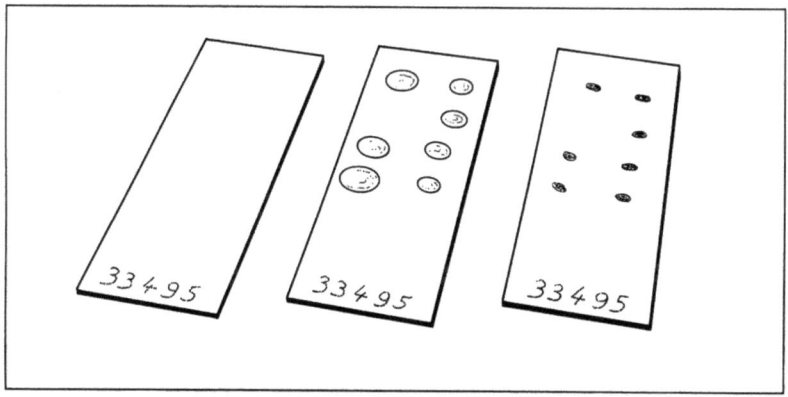

Abb. 6-1. Zum Auflegen von Serienschnitten lassen sich am vorgereinigten Objektträger mühelos 2 Reihen, bei einigem Geschick auch 3 Reihen Wassertropfen auftragen Die dort eingebrachten Schnitte sind nach dem Trocknen wohl nicht ideal ausgerichtet, aber immerhin geordnet

[1] Lynn JA (1965) Rapid toluidine blue staining of Epon-embedded and mounted „adjacent" sections. Am J Clin Path 44·57–58
[2] Bencosme SA, Stone RS, Latta H, Madden SC (1959) A rapid method for localization of tissue structures or lesions for electron microscopy J Biophys Biochem Cytol 5:508–509

§7. Umbetten von Paraffinmaterial

Stehen Paraffinblöcke von besonders interessantem Material zur Verfügung, so lohnt es sich in jedem Fall für stärkere lichtmikroskopische Vergrößerungen eine Umbettung für Semidünnschnitte durchzuführen. Neben der stark verbesserten lichtmikroskopischen Auflösung und Dokumentationsmöglichkeit besteht dann auch Gelegenheit, gröbere zytologische Details elektronenmikroskopisch nachzuweisen.

Die Vorgangsweise richtet sich nach der Größe des zur Verfügung stehenden Gewebes. Saugbiopsien oder Stanzzylinder wird man als Ganzes umbetten. Bei größeren Blöcken orientiert man sich unschwer am Anschnitt und stanzt dann aus den in Frage kommenden Arealen Zylinder von 1–2 mm Durchmesser und 3–4 mm Länge aus. Dazu eignet sich am besten eine Stanze wie sie zum Lochen von Karteikarten verwendet wird, oder man schleift selbst ein Metallröhrchen von geeignetem Durchmesser zu und versieht es mit einem dicken Draht als Stempel. Auch mit hohl gebogenen Schneidefedern, wie sie für Linolschnitt zu kaufen sind, kann man arbeiten. Die Instrumente werden *nicht erwärmt* und nur langsam, unter sanftem Druck in das Paraffin eingesenkt.

Die weitere Vorgangsweise richtet sich nach den Färbungen, die an den Semidünnschnitten durchgeführt werden sollen, und wird von der Absicht bestimmt, ob das Gewebe elektronenmikroskopisch aufgearbeitet werden soll. Je nachdem wird man *ohne Osmierung* oder aber *nach Osmiumfixierung* in Harz einbetten.

Das *Färbeverhalten* der so gewonnenen Semidünnschnitte unterscheidet sich nicht von den in gewohnter Weise erzielten Ergebnissen. Wurden die Gewebe nicht osmiert, und wendet man eine der üblichen Übersichtsfärbungen mit alkalischen Lösungen von Thiazinfarbstoffen an, so ist man über die starken metachromatischen Effekte überrascht (s. §.12). Hat man die Gewebe dagegen osmiert, beobachtet man keine Abweichungen vom gewohnten Bild.

Methode zum Umbetten von Paraffinmaterial

1	*Paraffin entfernen* in Xylol	
	3 × wechseln, bei Raumtemperatur,	je 20 min
2 A	*Ohne Osmierung*	
	2 × waschen in Propylenoxid,	je 5 min
	Propylenoxid-Harz-Gemisch, mind.	2 h
	Einbetten wie üblich	
2 B	*Mit Osmierung*	
	2 × waschen in Äthanol,	je 5 min
	Alkoholreihe bis Aqua dest.	
	Osmiumfixierung, beliebig	2 h
	Entwässern,	
	Einbetten wie üblich.	

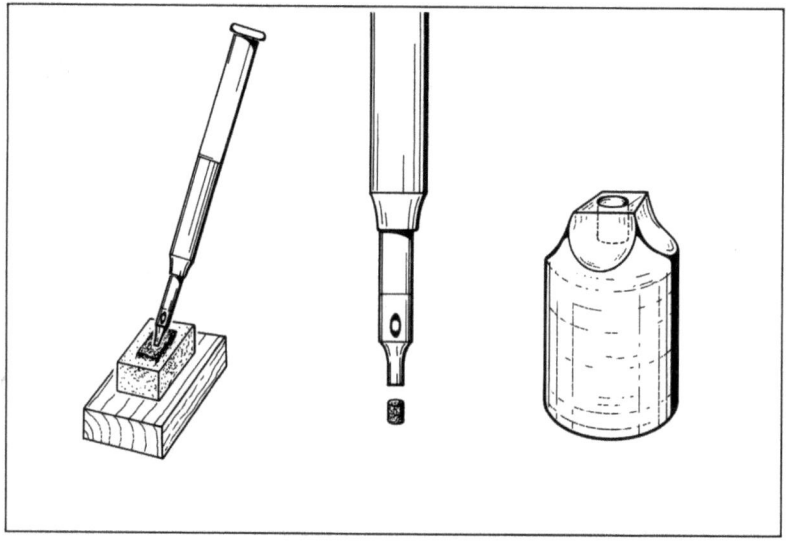

Abb. 7-1. Zum Ausstanzen der umzubettenden Areale benützt man ein selbst ange-
scharftes Metallröhrchen, oder eine Stanze wie sie sie zum Perforieren von Lochkartes
erhältlich ist (links). Die Stanze wird senkrecht aufgesetzt und unter maßigem Druck
langsam 2–3 mm eingesenkt. Der so erhaltene Gewebezylınder (Mitte) kann orientiert eingebettet werden (rechts): Die semidünnen Anschnittte passen in die Defekte
der Paraffinschnitte

Die *Strukturerhaltung* der Präparate ist stets ausreichend, oft verblüffend gut. Besonders kleines Biopsiematerial, das meist sofort in die Fixierlösung gebracht wird, überrascht auch bei elektronenmikroskopischer Untersuchung im positiven Sinn. Der Nachweis von Desmosomen, Basalmembranen, endokrinen Granula und ähnlichen Strukturdetails, ist oft ohne Schwierigkeiten möglich. Es zeigt sich, daß die Ursache schlechter Strukturerhaltung nicht die in der Praxis gerne verwendeten ungepufferten Formalinlösungen sind, sondern Verstöße gegen Grundregeln histologischer Technik: Der Zeitverlust zwischen Entnahme und Fixierung der Gewebe, ungeeignetes Hantieren der Proben, zu großes Volumen der übersandten Präparate im Verhältnis zur Menge der Fixierlösung usw. Dies wird auch durch Verwendung noch so ausgeklügelter Fixierlösungen nicht gebessert.

Es lohnt sich auch, *von altem Formolmaterial* in Harz einzubetten und Semidünnschnitte herzustellen. Man wird die Gewebe nicht nachosmieren, wenn nur für lichtmikroskopische Präparate Färbungen gewünscht werden. Es kann aber durchaus noch informativ sein, auch Dünnschnitte von solchem Material zu analysieren; unter diesen Umständen wird vor dem Einbetten die Osmierung wie üblich durchgeführt. Das Färbeverhalten solcher Schnitte gleicht dann dem von routinemäßig für Elektronenmikroskopie fixierter Präparate. Die Dauer der Lagerung der Formolpräparate spielt kaum eine Rolle.

§8. Entfernen von Harz und Osmium

Vor zahlreiche Färbungen und histochmische Reaktionen ist es nötig, von den Semidünnschnitten das Einbettungsmittel zu entfernen. Epoxidharze, um die es sich vor allem handeln wird (Epon, Araldit), werden mit *Natriummethylat* nach der klassichen Vorschrift von Mayor et al. [1] entfernt. 2,5 g metallisches Natrium werden zerkleinert und in 25 ml Methanol gebracht. Unter Erwärmen auf 50–60 °C wird das Natrium aufgelöst, mit Methanol, das abgedampft war, wieder auf 25 ml aufgefüllt, und 25 ml Benzol zugemischt. Diese Stammlösung ist haltbar und wird verdünnt oder 1:3 verdünnt mit Methanol-Benzol (aa) verwendet. Es ist klar, daß das Hantieren mit metallischem Natrium nicht ungefährlich ist. Ein Verfahren, das käufliches Natriummethylat verwendet [2], ist daher vorzuziehen:

Methode zum Entfernen von Epoxiharzen mit Natriummethylat

1	Schnitte am Objektträger antrocknen	
2	Objektträger in eine gesättigte Lösung von Natriummethylat in Methanol einstellen	5–10 min
3	Objektträger in eine gesättigte Lösung von Natriummethylat in Methanol : Aceton = 1:1 bringen	5–10 min
4	Waschen in Aceton	5 min
5	Alkoholreihe …	

Die gesättigten Lösungen von Natriummethylat erreicht man, indem man rund 10% (Gewicht/Volumen) Natriummethylat in den betreffenden Lösungsmitteln aufschlemmt und über Nacht stehen läßt. Dies wird man am einfachsten in einer Färbeküvette durchführen, der Bodensatz stört bei der Handhabung der Schnitte nicht. Küvetten dicht schließen! Wenn sich etwas Natriummethylat an den Objektträgern anlegt, so stört dies nicht. Es löst sich sofort ab, wenn man die Objektträger in wäßrige Medien überführt.

Die Lösungen, sofern sie gut verschlossen werden, sind etwa eine Woche haltbar. Die Farbe ändert sich dabei von ocker zu braun und rotbraun.

Die Inkubationszeiten richten sich nach der Dicke der Schnitte [1] und nach dem Grad, bis zu dem man das Harz zu entfernen wünscht. Für manche Färbungen ist es ausreichend, nur eine oberflächliche Auflockerung der Harzstruktur zu erzielen (anätzen), während für andere Reaktionen das Harz gänzlich entfernt sein soll. Die optimale Zeit des Anätzens wird man daher aus einem Vorversuch abschätzen. Variable Parameter, wie die Art des Harzes, der Polymerisationsgrad, das Alter der Blöcke usw. können beträchtliche Zeitunterschiede zwischen optimalen Ergebnissen und angegebenen Richtzeiten verursachen.

Araldit- und Eponschnitte verhalten sich gegen Natriummethylat grundsätzlich gleichartig.

Eine andere Methode, Epoxiharze aufzulösen, bedient sich einer gesättigten Lösung von Natronlauge in Äthanol [3].

Methode zum Entfernen von Epoxiharzen mit Natronlauge-Alkohol

1 Schnitte am Objektträger antrocknen
2 Objektträger in eine gesättigte Lösung
   von NaOH in Äthanol abs. einstellen   1 h und länger
3 Mehrmals spülen in Äthanol
4 Direkt in wäßrige Phase überführen ...

Die Natronlauge-Alkohollösung muß 2–3 Tage vor Gebrauch angesetzt werden. In einer Küvette genügen 3–4 Pellets NaOH, die mit absolutem Alkohol überschichtet werden (möglichst soll der Alkohol über Kupfersulfat wasserfrei gehalten sein). Erst wenn die Lösung braun wird, ist sie verwendungsbereit. Küvetten gut verschließen! Jede kleinste Menge Wasser stört und läßt die Schnitte abschwimmen. Beim Abspülen des Natronlauge-Äthanol-Gemisches (Schritt 3) verfährt man am besten so, daß man die Flüssigkeit am senkrecht gehaltenen Objektträger abrinnen läßt und unten durch Kontakt mit einem Filterpapierstreifen absaugt. Auf diese Weise bringt man möglichst wenig alkalische Flüssigkeit in das nächste Bad.

An Stelle von NaOH kann ebenso KOH verwendet werden [9]. Auf dieser Basis arbeitet auch ein etwas komplizierteres Verfahren, das von Snodgress et al. angegeben wurde [12]. Zur Durchführung der Methode hält man am besten 2 Stammlösungen bereit:

Stammlösung 1: 0,5 % KOH in Methanol abs.
Stammlösung 2: 10 % Pikrinsäure in Aceton. (Die Pikrinsäure soll vor dem Einwägen mehrere Tage über einem Trocknungsmittel gelagert sein).

Methode zum Entfernen von Epoxiharzen (nach Snodgress et al.)

1 Einstellen der Schnitte in eine Mischung aus

KOH in Methanol (Lösung 1)	10 ml	
Aceton	20 ml	
Benzol	20 ml	5 min

2 Spülen in einer Mischung aus gleichen Teilen Benzol
  und Aceton 2×1 min
3 Spülen in einer Mischung aus gleichen Teilen Benzol
  und Pikrinsäure in Aceton (Lösung 2)   2 min
4 Einstellen in Pikrinsäure in Aceton (Lösung 2)   1–2 min
5 Spülen in Äthanol abs. 2×1 min
6 Absteigende Alkoholreihe bis 80% Äthanol
7 Osmium entfernen in 4% H_2O_2 in 80% Äthanol   5 min
8 Spülen in Aqua dest.

Alle Gefäße für Schritte 1–5 sollen gut verschlossen sein, um den Zutritt von Luftfeuchtigkeit zu verhindern. Sie können etwa eine Woche verwendet werden, oder für 25–50 Objektträger. Die Pikrinsäure soll das Quellen von Kollagen verhindern, das durch den stark alkalischen pH der Reagentien ausgelöst wird.

Eine andere Möglichkeit, Epoxiharze von den Semidünnschnitten zu entfernen, ergibt sich durch Halogenisieren des Harzes und anschließendes Auflösen in Aceton [11]. Die Schnitte werden in eine Lösung von 10% Jod in Aceton (g/cm^3) über Nacht eingestellt (die Vorschrift sieht 12–18 h vor) und das so aufbereitete Harz in Aceton abgewaschen. Schneller arbeitet man, wenn die Schnitte durch Bromdämpfe halogeniert werden (30–60 s), doch erfordert diese Technik Vorsicht und eine geschlossene Kammer; sie ist damit in der Praxis von Nachteil.

Wesentlich einfacher ist *Methacrylat* aus den Schnitten zu lösen. Darüber hinaus ist die Zahl der Färbungen, die in Anwesenheit von Methacrylat durchgeführt werden können, wesentlich größer als für Epoxiharze. Meist wählt man sogar eine Methacrylateinbettung nur deshalb, um die gewünschten Reaktionen direkt, ohne Entfernen des Harzes, durchführen zu können. Methacrylat kann durch Aceton, Benzol, Tetrachlorkohlenstoff, Xylol, Amylacetat oder 2-Methoxy-äthylacetat einfach von den Schnitten gelöst werden [4, 5, 10] (Anwendung der Lösungsmittel: 2×40 min).

Für manche Färbungen ist es nötig, *Osmium von den Schnitten zu entfernen*. So stört es z. B. die Beurteilung der Basophilie, immunhistologische

Reaktionen, oder führt zu falsch positiven Resultaten bei Versilberungstechniken (sog. Osmium-abhängige argentaffine Reaktionen). In solchen Fällen entfernt man Osmium einfach durch Einstellen der Schnitte in:

Methode zur Entfernung von Osmium

1	5% Wasserstoffperoxid in Aqua dest.	10 min
2	Waschen in Aqua dest.	

Auch andere milde Oxidationsmittel erfüllen diesen Zweck, zum Beispiel Perjodsäure, Peressigsäure [6] oder Kaliumpermanganat [7]. Cooley et al. [8], die diese Verfahren verglichen, geben der Oxidation mit Wasserstoffperoxid den Vorzug.

[1] Mayor HD, Hampton JC, Rosario B (1961) A simple method for removing the resin from epoxy-embedded tissue. J Biophys Biochem Cytol 9:909–910
[2] Kaissling B (1973) Histologische und histochmische Untersuchungen an semidünnen Schnitten. Gegenbauers Morphol Jahrb 119:1–13
[3] Lane B, Europa DL (1965) Differential staining of ultrathin sections of Eponembedded tissues for light microscopy. J Histochem Cytochem 13:579–582
[4] Bencosme SA, Stone RS, Latta H, Madden SC (1959) A rapid method for localization of tissue structures or lesions for electron microscopy. J Biophys Biochem Cytol 5:508–510
[5] Runge WJ, Vernier RL, Hartmann JF (1958) A staining method for sections of osmium-fixed methacrylate embedded tissue. J Biophys Biochem Cytol 4:327–328
[6] Munger BL (1961) Staining methods applicable to sections of osmiun-fixed tissue for light microscopy. J Biophys Biochem Cytol 11:502–506
[7] Shires TK, Johnson M, Richter KM (1969) Haematoxylin staining of tissues embedded in epoxy resins. Stain Technol 44:21–25
[8] Cooley CA, Lucas JA, Schardein JL (1972) A modified Hematoxylin-safranin stain for 0,5–2 μm sections. Stain Technol 47:44–46
[9] Imai Y, Sue A, Yamaguchi A (1968) A removing method of the resin from epoxy-embedded sections for light microscopy J Electron Microsc 17:84–85
[10] Barton AA (1959) The examination of ultrathin sections with a light microscope after electron microscopy. Stain Technol 34:348–349
[11] Yensen J (1968) Removal of epoxy resin from histolgical sections following halogenation. Stain Technol 43:344–346
[12] Snodgress AB, Dorsey ChH, Bailey GWH, Dickson LG (1972) Conventional histopathologic staining methods compartible with Epon-embedded, osmicated tissue Lab Invest 26:329–337

§9. Kontrast ungefärbter Schnitte, Kontraststeigerung

Der Kontrast von etwa 1 μm dicken Semidünnschnitten von osmiertem Material reicht eben aus, um sich bei geschlossener Kondensorblende zu orientieren. Photographische Dokumentation ist dabei nur sehr beschränkt möglich. Dazu ist es unumgänglich, mit kontraststeigernden Abbildungsverfahren zu arbeiten, also mit Phasenkontrast- oder Interferenzkontrastsystemen. Wer nur ein Hellfeldmikroskop zur Verfügung hat, kann durch Behandlung mit *p*-Phenylendiamin sehr einfach eine Intensivierung des Osmiumkontrastes erzielen, die dann ein Mikroskopieren wie bei gefärbten Schnitten erlaubt [1]. Die Behandlung mit *p*-Phenylendiamin ist die Methode der Wahl, wenn die Verteilung osmiophiler Strukturen dargestellt werden soll, ohne daß auch die Basophilie der Gewebe gezeigt wird. Ein ähnliches Ergebnis erzielt man, wenn an Semidünnschnitten die Osmiuminduzierte Argentaffinität dargestellt wird (s. §33). Phenylendiamin ist ein altbewährtes Mittel in der Histologie, um Osmiumkontrast zu steigern [2].

Methode zur Kontraststeigerung mit p-Phenylendiamin

1 Schnitte am Objektträger antrocknen
2 *Färbung:* 1% *p*-Phenylendiamin in
   Isopropanol:Methanol = 1:1   5 min
3 Kurz spülen in Isopropanol:Methanol = 1:1
4 Schnitte trocknen
5 Übersichtsfärbungen können angeschlossen werden
6 *Eindecken* der Schnitte.

Die Methode kann als allgemeine Übersichtsfärbung aufgefaßt werden, ist im besonderen aber dazu dienlich, alle osmiophilen Reaktionsprodukte – etwa Reaktionsprodukte des Peroxidasenachweises [3] oder osmiophile Bausteine wie Lipide und Glycogen [4] – deutlich hervortreten zu lassen.

[1] Ledingham JM, Simpson FO (1970) Identification of osmium staining by *p*-phenylendiamine: paraffin and epon embedding; lipid granules in renal medulla. Stain Technol 45:255–260

Korneliussen H (1972) Identification of muscle fibre types in semithin sections stained with *p*-phenylendiamine. Histochmie 32:95–98

[2] Schultze WH (1917) Über das Paraphenylendiamin in der histologischen Färbetechnik und über eine neue Schnellfärbemethode der Nervenmarkscheiden am Gefrierschnitt. Zentralbl Pathol 36:639–640

[3] Möller W, Vollerthun R, Möller G, Zimmermann A (1980) Kontraststeigernde Färbung beim indirekten immuncytochemischen Nachweis (PAP-Technik) von Immunglobulinen. Mikroskopie 36:222–225

[4] Snipes RL (1977) Identification of lipids for intestinal absorption studies in resin-embedded tissue. Microsc Acta 79:127–130

§10. Farbstoffe für Schnellfärbungen

Zur Färbung von Araldit- und Eponschnitten *ohne Entfernung oder Auflokkerung des Harzes* lassen sich nur stark *alkalische Farblösungen* verwenden, saure Medien dringen nicht in die Harze ein. Damit reduziert sich das Spektrum der in Frage kommenden Farbstoffe sofort auf die Gruppe der *basischen Farbstoffe*, denn saure (anionische) Farbstoffe werden in alkalischer Lösung kaum positiv geladene Gruppen zur elektrostatischen Bindung vorfinden (sie werden also überhaupt nicht färben oder ihre Färbecharakteristik verlieren). Die Lösungen zum Färben von Harzschnitten weisen üblicherweise pH-Werte zwischen 9,5 und 11 auf. Dieses alkalische Milieu stabilisiert man gewöhnlich dadurch, daß die Farbstoffe in 1% wäßriger Boraxlösung oder in 2% wäßriger Natriumcarbonatlösung angeboten werden.

Von der entscheidenden Wirkung des pH der Färbelösung überzeugt man sich am besten dadurch, daß man einen Thiazinfarbstoff, z. B. Toluidinblau, einmal in 2% Natriumcarbonat gelöst, dann aber in irgendeinem Puffer bei pH-Werten um 7 gelöst, zur Färbung verwendet. Während die alkalische Lösung Zellkerne und Ergastoplasma kräftig färbt, gelingt dies beim Neutralpunkt kaum. Aus Erfahrung weiß aber jeder, daß ein Paraffinschnitt oder Gefrierschnitt von einer neutralen Toluidinblaulösung rasch gefärbt würde (man denke nur an die sauren Farbstofflösungen bei der Nissl-Färbung). Umgekehrt, wenn das Harz aus den Semidünnschnitten gelöst wird, so färben auch neutrale und saure Farbstofflösungen.

Die Brauchbarkeit einer großen Zahl basischer Farbstoffe zur Färbung von Semidünnschnitten wurde systematisch von Y. Collan untersucht [1]. Die folgende Aufstellung gibt einen Auszug aus diesen Ergebnissen. Dabei entsprechen manche Farbstofflösungen einem Rezept, das für sich allein als Schnellfärbung publiziert wurde. Solche Positionen sind durch Fußnoten ausgewiesen.

(Nach Y. Collan) [1]. Färbeergebnisse an Eponschnitten mit verschiedenen basischen Farbstoffen

Farbstoff gelöst in 1% Natriumborat	Konzentration %	Färbezeit in Minuten		Bezugsquelle
		bei 20 °C	bei 85 °C	
Azur A	0,5 0,1	10 – 15	0,5 – 1	Fa. Chroma, Best. Nr. 1A296
Azur II [2]	0,5	10 – 15		Fa. Chroma, Best. Nr. 1A284; Fa. Merck, Best. Nr. 9211
Brillantkresylblau	1,0	10 – 15		Fa. Chroma, Best. Nr. 1B519; Fa. Merck, Best. Nr. 1280
Kresylechtviolett	1,0	30		Fa. Chroma, Best. Nr. 1A396; Fa. Merck, Best. Nr. 5235
Kristallviolett [3]	1,0	30		Fa. Chroma, Best. Nr. 1A286; Fa. Merck, Best. Nr. 1408
Fuchsin, basisch [3, 4]	1,0	30		Fa. Chroma, Best. Nr. 1A308; Fa. Merck, Best. Nr. 1358
Malachitgrün [3]	1,0		5	Fa. Chroma, Best. Nr. 1B249; Fa. Merck, Best. Nr. 1398
Methylgrün	1,0		0,5 – 1	Fa. Chroma, Best. Nr. 1A292; Fa. Merck, Best. Nr. 1314
Methylenblau [2]	0,5	10 – 15		Fa. Chroma, Best. Nr. 1B429; Fa. Merck, Best. Nr. 1283
Methylviolett	1,0	30	0,5 – 1	Fa. Chroma, Best. Nr. 1B415; Fa. Merck, Best. Nr. 1416
Safranin O [5]	1,0		0,5 – 2	Fa. Chroma, Best. Nr. 1B463; Fa. Merck, Best. Nr. 1382
Safranin T	1,0		0,5 – 1	
Thionin [4]	0,5	10 – 20		Fa. Chroma, Best. Nr. 1A422; Fa. Merck, Best. Nr. 1421
Toluidinblau O [6].	0,5	10 – 20		Fa. Chroma, Best. Nr. 1B481; Fa. Merck, Best. Nr. 1273

(Nach Y. Collan) [1]. Färbeergebnisse an Eponschnitten mit verschiedenen basischen Farbstoffen, gelöst in Äthanol oder Aceton

Farbstoff, gelöst in	Konzentration %	Färbezeit bei 20 °C in min	Bezugsquelle
Kresylechtviolett			Fa. Chroma, Best. Nr. 1A396; Fa. Merck, Best. Nr. 5235
Aceton	1,0	30	
Äthanol	1,0	30	
Kristallviolett			Fa. Chroma, Best. Nr. 1A286; Fa. Merck, Best. Nr. 1408
Aceton	1,0	30	
Äthanol	1,0	30	
Fuchsin, basisch			Fa. Chroma, Best. Nr. 1A308; Fa. Merck, Best. Nr. 1358
Aceton	1,0	15	
Äthanol	1,0	15	
Indulin			Fa. Chroma, Best. Nr. 1F521
Aceton	1,0	30	
Äthanol	1,0	30	
Pinacyanol			Fa. Chroma, Best. Nr. 4F135
Äthanol			
Sudan schwarz B [7]	0,1–0,5	10–30	Fa. Chroma, Best. Nr. 1A430; Fa. Merck, Best. Nr. 1387

37

Aus der Tabelle auf Seite 36 läßt sich ablesen, daß auch die Temperatur für die Färbung von entscheidender Bedeutung ist; weniger die Konzentration der Farbstoffe in der Lösung. Für eine rasche Übersichtsfärbung wird man meist auf der *Heizplatte bei 60 °C* arbeiten. Höhere Temperaturen sind ungünstig, da die *geringen aufgetropten Mengen* von Färbelösung zu rasch verdunsten. Oft entstehen Dampfbläschen, in deren Bereich die Schnitte ungefärbt bleiben, so daß ein scheckiges Aussehen zustande kommt. Sollen solche Schnitte wieder entfärbt werden oder hat man zu stark gefärbt, so genügt es, die Objektträger über Nacht in destilliertes Wasser oder 50 % Alkohol zu stellen.

Wünscht man eine *kontrollierte, gleichmäßige Anfärbung*, so ist zu empfehlen, den Farbstoff stärker zu verdünnen (rund 0,01 %ig) und in der Küvette bei 40–60 °C zu färben. Innerhalb des gezeigten Rahmens wird jeder in der Praxis des Labors eine zusagende Modifikation entwickeln.

Neben alkalischen wäßrigen Farbstofflösungen können zur Färbung von Harzschnitten auch Lösungen in *Aceton oder Alkohol* verwendet werden. Die Tabelle auf Seite 37 zeigt dazu die getesteten Möglichkeiten [1].

Indulin und Sudanschwarz B färben das Zellplasma und nicht basophile Gewebekomponenten, wie sie von den anderen Farbstoffen dargestellt werden. Beide Farbstoffe binden auch an das Einbettungsmaterial und sind daher praktisch unbrauchbar.

Neben der Verwendung basischer Farbstofflösungen wurde auch versucht, mit konventionellen Färbetechniken bei Harzschnitten erfolgreich zu verfahren, indem die Färbetemperatur, Färbedauer, und die Konzentrationen der Farbstofflösungen hinaufgesetzt bzw. ausgedehnt wurden. Eine Zusammenfassung solcher Techniken geben Laschi und Govoni [8]. Es ist jedoch nicht einfach, bei Temperaturen bis 150 °C auf der Heizplatte Färbungen kontrolliert ablaufen zu lassen. So müssen solche Auswege dem besonderen Geschick und der besonderen Erfahrung interessierter Techniker überlassen bleiben. Die Resultate sind nur schwer reproduzierbar zu gestalten und oft ist das Färbeergebnis auch am einzelnen Schnitt ungleichmäßig.

[1] Collan Y (1969) Staining of epoxy-embedded tissue sections for light microscopy. Exp Pathol 3.147–152
[2] Richardson KC, Jarett L, Finke H (1960) Embedding in epoxy resins for ultrathin sectioning in electron microscopy. Stain Technol 35:313–323
[3] Grimley PM (1964) A tribasic stain for thin sections of plastic-embedded, OSO₄-fixed tissues. Stain Technol 39·229–233
   Lee JC, Hopper J (1965) Basic fuchsin-crystal violet; a rapid staining sequence for juxtaglomerular granular cells embedded in epoxy resin Stain Technol 40 37–39

[4] Gautier A (1960) Technique de coloration histologique de tissus inclus dans des polyesters. Experientia 16.124

Tzitsikas H, Rdzok EJ, Vatter AE (1961) Staining procedures for ultrathin sections of tissues embedded in polyester resin. Stain Technol 36:355–359

[5] Schantz A, Schecter A (1965) Iron hematoxylin and safranin O as a polychrome stain for Epon-sections. Stain Technol 40:279–282

[6] Bencosme SA, Stone RS, Latta H, Madden SC (1959) A rapid localization of tissue structures or lesions for electron microscopy. J Biophys Biochem Cytol 5:508–509

Trump BF, Schmuckler EA, Benditt, EP (1961) A method for staining epoxy sections for light microscopy. J Ultrastruct Res 5:343–348

[7] McGee-Russell SM, Smale NB (1963) On colouring Epon-embedded tissue sections with Sudan black B or Nile blue A for light microscopy. Q J Microsc Sci 104:109–116

[8] Laschi R, Govoni E (1978) Staining methods for semithin sections. In: Johannessen JV (ed) Electron microscopy in human medicine, Instriumentation and techniques, vol 1. McGraw Hill New York pp 187–198

§11. Schnellfärbung mit Toluidinblau O

Die Färbung mit Toluidinblau bei pH 11,1 wurde von Trump et al. vorgeschlagen [1]. Neben der einfachen Handhabung bietet die Methode den
Vorteil, lichtmikroskopisch die Strukturen in abgestuften Blautönen so zu
zeigen, wie sie elektronenmikroskopisch unterschiedlich elektronendicht erscheinen. Damit liefert das lichtmikroskopische Bild sehr gut eine Vorstel-
lung des elektronenmikroskopsichen Bildes bei schwachen Vergrößerungs-
stufen. Die Färbung mit Toluidinblau O ist sehr kräftig und gibt auch
dünnen Schnitten hinreichend Kontrast.

Methode zur Schnellfärbung mit Toluidinblau O

1   Schnitte am Objektträger antrocknen
2   *Färbung:* 0,1% Toluidinblau O in 2,5% wäßriger
    Na_2CO_3 Lösung, bei Zimmertemperatur   20–30 min
    bei 60 °C   1–2 min
3   Spülen mit Aqua dest.
4   Spülen mit Leitungswasser
5   Schnitt trocknen
6   *Eindecken* oder direkt mit Immersionsöl überschichten.

Für Orientierungszwecke wird man rasch auf der Heizplatte färben und
dazu nur einige Tropfen der Farbstofflösung mit einer Pipette aufbringen.
Ist ein schön gefärbter Semidünnschnitt der eigentliche Zweck des Vorge-
hens, soll man bei Raumtemperatur über längere Zeit färben, um den Ablauf der Färbung besser kontrollieren zu können. Man kann auch die Färbelösung verdünnen, z.B. mit einer 2,5%igen wäßrigen Natriumcarbonatlösung im Verhältnis 1:10, und damit in der Küvette im Wärmeschrank
färben (bei 40 °C etwa 30 min). Diese Methode hat den Vorteil, daß die
verdünnte Farbstofflösung durchsichtig genug ist, um den Schnitt sofort
nach dem Herausziehen, ohne ihn abspülen zu müssen, beurteilen zu können. Die Färbung kann dann – wenn gewünscht – fortgesetzt werden.

Für die Färbung eignen sich alle in konventioneller Weise präparierten Gewebe, d.h. nach primärer Osmiumfixierung oder nach Doppelfixierung mit Glutaraldehyd-Osmiumtetroxid. Epon- und Aralditschnitte können ohne Entfernen des Harzes gefärbt werden. Es kommen nicht nur die üblicherweise als *basophil* bekannten Strukturen zur Darstellung, sondern darüber hinaus färben sich alle *osmiophilen* Strukturen intensiv an (z. B. Markscheiden, Erythrozyten usw.), wohl also Lipoproteine. Homogene Lipidtröpfchen, z. B. in Fettzellen oder in Talgdrüsen, die gut osmiert sind, färben sich in zart grünem oder grünblauem Ton. Die *metachromatische* Anfärbung von Mastzellgranula, Knorpelgrundsubstanz, oder saurem Schleim ist deutlich.

Durch die kontrastreiche Darstellung aller osmiophilen Strukturen einer Zelle, also auch der Membranen und aller membranbegrenzten Kompartimente, ist der lichtmikroskopischen Untersuchung von Seiten der Färbetechnik her keine Grenze bis zur Ausschöpfung der theoretischen Auflösung gesetzt. Der mit Toluidinblau gefärbte Semidünnschnitt von osmiertem Material bietet mehr zytologische Details, als sie mit aufwendigen Spezialfärbungen an Paraffinschnitten darzustellen sind.

Wurden Schnitte zu stark gefärbt, fiel die Färbung unregelmäßig aus, oder kam es zur Bildung von Niederschlägen, kann man mit 95 % Äthanol wieder *entfärben* (oder differenzieren). Man muß bedenken, daß eine 0,1 %ige Lösung von Toluidinblau beinahe schon gesättigt ist, daß es damit in älteren Lösungen zur Bildung von Bodensatz kommen kann. Die Färbelösungen sollen daher manchmal filtriert werden.

Die von Lynn [2] angegebene Schnellfärbung mit 0,2 % Toluidinblau in 2,5 % wäßrigem Natriumcarbonat bedeutet keine nennenswerte Veränderung der obigen Methode. Der Objektträger wird während des Färbens über der Bunsenflamme erhitzt.

[1] Trump BF, Smuckler EA, Benditt EP (1961) A method for staining epoxy sections for light microscopy. J Ultrastruct Res 5:343–348
[2] Lynn JA (1965) Rapid toluidine blue staining of Epon-embedded and mounted „adjacent" sections. Am J Clin Pathol 44:57–58

§12. Metachromatische Effekte
bei Schnellfärbungen

Thiazinfarbstoffe, die für Schnellfärbungen bevorzugt verwendet werden (Methylenblau, Toluidinblau, Azur, Thionin, Kristallviolett ...), zeigen das Phänomen der Metachromasie, d.h. bestimmte („metachromatisch färbbare") Substanzen färben sich in einem anderen Farbton als dem der *verdünnt verwendeten Färbelösung*. Die Farbverschiebung ist dabei immer zum langwelligen Teil des Spektrums, also von grünblau zu blau, von blau zu violett, von violett zu rot. Die Ursache dieser Erscheinung ist eine Zusammenlagerung der Farbstoffmoleküle zu Mizellen (erst Dimere, dann Polymere), die als energetisch stabiler als Einzelmoleküle zu betrachten sind, deren Absorptionsmaximum also zu kürzeren Wellenlängen verschoben ist: der nicht absorbierte Teil des Lichtes ist dann am roten Ende des Spektrums stärker.

Geordnete Aneinanderlagerung von Farbstoffmolekülen und damit metachromatische Effekte beobachtet man bereits in den Färbelösungen selbst, wenn die Konzentration der Farbstoffe gesteigert wird. Je stärker z.B. eine Thioninlösung konzentriert ist, desto weniger ist der himmelblaue Farbton des Thionins zu erkennen: die Lösung wird rotblau, violett. Zur Färbung von Harzschnitten kommen nun durchwegs sehr konzentrierte, z.T. schon gesättigte Farbstofflösungen zur Anwendung. So werden zur Färbung nicht einzelne Farbstoffmoleküle angeboten, sondern es binden bereits Mizellen an die Gewebe und färben diese in metachromatischen Tönen. Dies ist wohl eine *metachromatische Färbung, aber kein Nachweis von Metachromasie im histochemischen Sinn*. Metachromatische Färbbarkeit gilt als Nachweis negativ geladener Gruppen, die an den Geweben so dicht gelagert sind, daß sich die *einzelnen* Farbstoffmoleküle, sobald sie gebunden werden, zu Mizellen aggregieren können. Negative Ladungen, die unter den gewählten Bedingungen wohl noch verfügbar, aber nicht so dicht gelagert sind, färben sich durch die gebundenen Farbstoffmonomere orthochromatisch, d.h. in der Farbe der verdünnten Farbstofflösung. Metachromasie ist damit ein Indikator für eine bestimmte Dichte der negativen Ladungen an den untersuchten Strukturen.

Aus diesen Überlegungen ist einfach abzuleiten, daß Schnellfärbungen mit blauen Thiazinfarbstoffen zu einer Flut metachromatischer Anfärbungen in den Semidünnschnitten führen werden. Die Farbstoffe sind sehr konzentriert gelöst und der pH der Farbstofflösungen garantiert die maximale Dissoziation anionischer Gruppen aller Proteine, sodaß die angebotenen Farbstoffmizellen auch gebunden werden. Dem entsprechend findet man nach Anwendung z. B. der Übersichtsfärbung mit Toluidinblau (s. §11) bei Schnitten von *nur mit Glutaraldehyd fixierten Geweben* mit Ausnahme der Kernstrukturen fast nur metachromatische Farbtöne. Gewebe, die mit

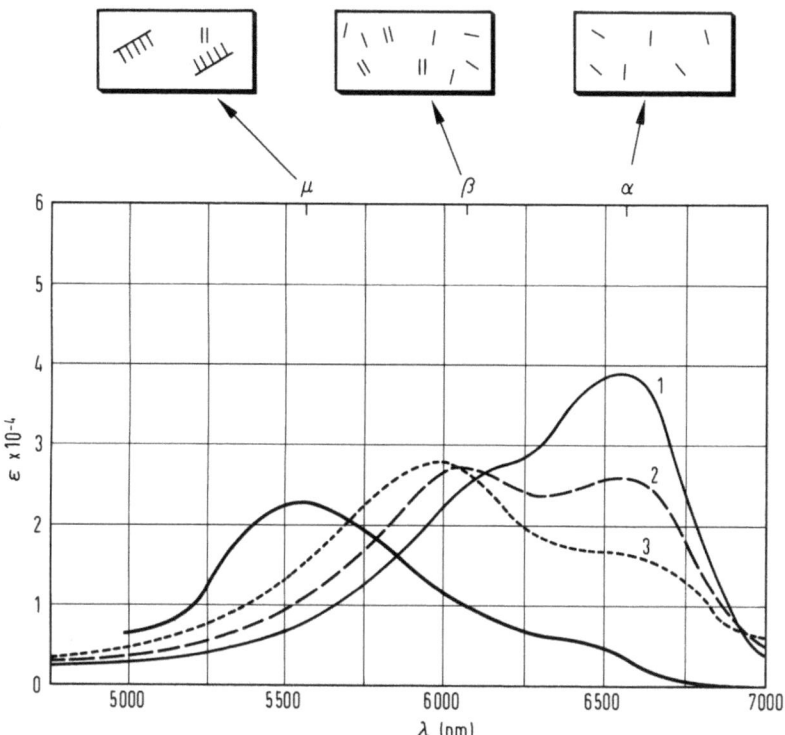

Abb. 12-1. Das Absorptionsspektrum eines Thiazinfarbstoffes in Wasser (in diesem Beispiel von Methylenblau) ändert sich mit der Konzentration der Lösung. In stark verdünnter Lösung liegen die Farbstoffmoleküle praktisch nur als Monomere vor, wie sie als Striche im Rechteck α symbolisiert sind Das Absorptionsmaximum der Farbstofflösung liegt unter diesen Bedingungen im langwelligen Bereich des Spektrums, die Lösung erscheint blaugrün: „*α-Bande*" (Kurve 1). Mit steigender Farbstoffkonzentration (Kurven 2, 3) lagern sich immer mehr Farbstoffmoleküle zu Dimeren zusammen, wie sie im Rechteck β durch Striche angedeutet sind Damit tritt die „*β-Bande*" auf Kosten der α-Bande immer deutlicher hervor, die Farbstofflösung wird blaurot und rotblau Bietet eine Struktur geeignet dicht geordnete negative Ladungen, so ordnen sich die Farbstoffmoleküle an solchen Substraten zu Mizellen, wie sie im Rechteck μ symbolisiert sind. Das Absorptionsmaximum wandert weiter in den kurzwelligen Anteil des Spektrums und eine metachromatische „*μ-Bande*" ist zu beobachten (unbezeichnete Kurve)

Formaldehyd allein fixiert sind, färben sich unter diesen Bedingungen praktisch nur in Rottönen (s. §7). Nach Osmiumfixierung oder nach der konventionellen Fixierungen mit Glutaraldehyd-Osmiumtetroxid verhindert das Osmium die metachromatische Anfärbung der Proteine, wie es auch die Basophilie der Strukturen entscheidend ändert.

Zusammenfassend läßt sich sagen, daß alle als metachromatisch bekannten Substanzen (Mastzellgranula, saurer Schleim, Knorpelgrundsubstanz) auch in Semidünnschnitten, bei jedem Fixierungsmodus metachromatisch gefärbt erscheinen. Umgekehrt kann man aber von einer metachromatischen Anfärbung in Semidünnschnitten *nicht* auf die Metachromasie der betreffenden Struktur schließen.

§13. Fixieren mit gefärbten Aldehydlösungen

Um zu verhindern, daß Proteoglykane (z. B. beim Studium von Knorpelgewebe) während der Fixierung aus den Geweben gelöst werden, setzt man für histochemische Untersuchungen Cetylpyridiniumchlorid den Fixantien zu. In jüngerer Zeit wurde gezeigt, daß auch manche *kationischen Farbstoffe Proteoglykane präzipitieren* und so in situ erhalten [1]. Dies hat den Vorteil, daß sie in ungefärbten Schnitten direkt nachgewiesen werden können, und daß manche dieser Farbstoffe entweder selbst elektronendicht sind, oder erhöhten Osmiumkontrast und/oder verbesserte Kontrastierbarkeit der Dünnschnitte bewirken. Als unmittelbar elektronendichte Farbstoffe, die den Nachweis von Proteoglykanen und negativ geladenen komplexen Carbohydraten ermöglichen, sind Rutheniumrot und Alcianblau bekannt. Diese haben jedoch den Nachteil, daß sie – wahrscheinlich wegen des hohen Molekulargewichtes – die Gewebe nur schlecht penetrieren. Viel günstiger verhält sich in dieser Hinsicht Safranin O [2].

Methode zur Fixierung von Proteoglykanen mit Safranin O

1 *Fixierung 1* in 2% Glutaraldehyd in 0,1 M Natriumphosphatpuffer (nach Sörensen) [3], pH = 7,4, dem 0,1% Safranin O zugesetzt sind. Dünne Gewebescheiben (¼ mm dick), bei Raumtemperatur
2 h
2 Spülen in Phosphatpuffer, 0,1 M, pH = 7,4, dem 0,2 M Sucrose und 0,05% Safranin O zugesetzt sind
3 *Fixierung 2* in 2% Osmiumtetroxid in 0,1 M Natriumphosphatpuffer, pH = 7,4, dem 0,025% Safranin O zugesetzt sind, bei Raumtemperatur
2 h
4 Spülen in Phosphatpuffer
5 *Entwässern und Einbetten* wie üblich.

Safranin O bindet in stoichiometrischer Weise mit den anionischen Gruppen der Proteoglykane, z. B. an Chondroitin-6-sulfat oder Keratansulfat [4], sodaß die beobachtete Farbintensität der Menge der Proteoglykane oder der sauren Mucopolysaccharide proportional ist. Eine Vorbehandlung der Gewebe mit Papain führt zum negativen Ausfall der Färbereaktion [2]. In Ultradünnschnitten zeigt der Komplex Safranin O-Proteoglykan besondere Affinität für die Blei enthaltenden Kontrastierlösungen.

Ein im wesentlichen gleichartiges Verfahren bedient sich der Eigenschaft von Toluidinblau O mit Proteoglykanen zu präzipitieren. Auch bei diesem Verfahren erhält man gefärbte Semidünnschnitte und bei elektronenmikroskopischer Untersuchung verstärkte Bindung der Kontrastiersubstanzen [5]. Vorbehandlung mit Papain verhindert die Reaktion.

Methode zur Fixierung von Proteoglykanen mit Toluidinblau O

1 *Fixierung 1* in 2% Glutaraldehyd in 0,1 M Natriumphosphatpuffer (nach Sörensen) [3], pH = 7,4, *oder* in 0,1 M Natriumcacodylatpuffer [5], pH = 7,4, dem jeweils 0,1% Toluidinblau O zugesetzt sind. Dünne Gewebescheiben (¼ mm dick),
   bei Raumtemperatur   2 h
2 Spülen im entsprechenden Puffer, dem jeweils 0,2 M Sucrose und 0,05% Toluidinblau O zugesetzt sind
3 *Fixierung 2* in 2% Osmiumtetroxid in 0,1 M Natriumphosphatpuffer [3], pH = 7,4, *oder* in 0,1 M Veronalacetatpuffer [3], pH = 7,4, dem 0,025% Toluidinblau O zugesetzt sind,
   bei Raumtemperatur   2 h
4 Spülen im entsprechenden Puffer
5 *Entwässern und Einbetten* wie üblich.

Beim Arbeiten mit Toluidinblau O ist zu beachten, daß *metachromatische Farbeffekte* auftreten werden. Unter diesen Bedingungen gilt das Lambert-Beer'sche Gesetz *nicht*, das die Proportionalität von Absorption und Konzentration der absorbierenden Substanz vorsieht (= Färbeintensität und Farbstoffmenge die im Schnitt gebunden ist, d. h. Färbeintensität und Menge der Proteoglykane, die den Farbstoff im Schnitt binden). Mit anderen Worten, bei metachromatischen Färbungen kann von der Färbeintensität nicht auf die Quantität der zugrunde liegenden Proteoglykane geschlossen werden.

Um das Herauslösen von Proteoglykanen zu verhindern, kann der Fixierlösung auch der Fluoreszenzfarbstoff *Acridinorange* zugesetzt werden [6]. Das Verfahren entspricht vollkommen den beiden schon erwähnten Techniken, mit 0,2% Acridinorange in der Glutaraldehydfixierung und

0,1% Acridinorange in der Osmiumtetroxidlösung. Wünscht man die zu untersuchenden Gewebe auch zu entkalken, wird der EDTA-Lösung auch Acridinorange (0,1%) zugesetzt. Für die Elektronenmikroskopie sind die Resultate mit den zuvor geschilderten Ergebnissen vergleichbar, für die Lichtmikroskopie sind aber Safranin O oder Toluidinblau O vorzuziehen, da sie ungleich kontrastreichere Anfärbungen liefern.

Werden die Gewebe nach Fixierung mit Acridinorange in der Aldehyd-lösung *nicht osmiert*, können die Semidünnschnitte *fluoreszenzmikroskopisch* untersucht werden. Dazu eignen sich besonders *Araldischnitte*, da Epon meist eine störende gelbliche Eigenfluoreszenz aufweist. Osmium und andere Schwermetalle unterdrücken die Fluoreszenz. Als Filterkombination eignet sich die für Catecholaminfluoreszenz übliche Einstellung (Excitationsfilter: Schott BG 12; Sperrfilter für 470 oder 500 nm). Diese Versuchsanordnung zeigt gewisse Parallelität zur Vitalfluorochromierung der Gewebe, z. B. mit Tetracyclinen, wie sie im folgenden Kapitel besprochen wird.

[1] Szirmai JA (1963) Quantitative approaches in the histochemistry of mucopolysaccharides. J Histochem Cytochem 11:24–34
[2] Shepard N, Mitchell N (1976) The localization of proteoglycan by light and electron microscopy using safranin O. J Ultrastruct Res 54:451–460
[3] Bereiten der Puffer § 53
[4] Rosenberg L (1971) Chemical basis for the histological use of safranin O in the study of articular cartilage. J Bone Joint Surg 53 A:69–82
[5] Shepard N, Mitchell N (1976) Simultaneous localization of proteoglycan by light and electron microscopy using toluidine blue O. A study of epiphyseal cartilage. J Histochem Cytochem 24:621–629
[6] Shepard N, Mitchell N (1981) Acridin orange stabilization of glycosaminoglycans in beginning endochondral ossification. A comparative light and electron microscopic study. Histochemistry 70:107–114

§14. Fluoreszenzmikroskopie nach vitaler Markierung der Gewebe [1]

Vitale Markierung mit Tetracyclinen und anderen Fluoreszenzfarbstoffen hat für das Studium des Knochenumbaues besondere Bedeutung gewonnen. Zeitlich verschobene Ereignisse können durch Sequenzmarkierung mit unterschiedlich fluoreszierenden Substanzen sichtbar gemacht werden. Für Untersuchungen am Menschen eignen sich allerdings nur Tetracycline, andere Farbstoffe sind zu toxisch.

Die Hartgewebe werden *in nicht entkalkenden Fixierlösungen* entsprechend ihrer Größe wie gewöhnlich fixiert. Die besten Resultate erzielt man mit dem Schaffer'schen Gemisch [2]. One Entkalkung erfolgt die Entwässerung über Alkoholreihen (Äthanol oder Methanol) und Xylol oder Aceton als Zwischenmedien, die Einbettung in Methylmethacrylat (s. §3A).

Die so eingebetteten Materialien können zu Semidünnschnitten, zu Hartmikrotomschnitten (um 5 µm) oder zu Dünnschliffen verarbeitet werden (30–100 µM).

Zur Fluoreszenzanregung wird gewöhnlich UV-Blaulicht ohne scharfe Einschränkung der Bandbreite verwendet, Sperrfilter bei 480 nm und höhere Wellenlängen, je nach untersuchter Farbe. Auch die Filterkombination für Catecholaminfluoreszenz läßt sich unmittelbar verwenden (Anregung: Schott BG 12 mit Wärmedämpfungsfilter BG 38 oder BG 23).

Methode zur Vitalmarkierung mit Fluoreszenzfarbstoffen

1   *Markierung:* Nach Wunsch; *Getrennte Marken* sind zu erwarten, wenn mindestens 48 h zwischen zwei Injektionen liegen. Auch mit der Tötung der Tiere soll 48 h nach der letzten Markierung gewartet werden.
2   Fixieren, Entwässern
3   Eventuelles Lagern der Präparate in 80% Äthanol
4   *Einbetten* in Methylmethacrylat (s. §3A).

Als Farbstoffe eignen sich [3]:

Marker	Farbe	Lösungsmittel	Konzentration mg/kg KG
Oxitetracyclin (Reverin®, Fa. Höchst)	gelb	vom Hersteller	25
Alizarinkomplexon (Fa. Merck, Best. Nr. 1010)	rot	AD, pH = 7,2 mit NaOH einstellen	30
Calcein (Fa. Merck, Best. Nr. 2315)	grün	AD, PH = 7,2 mit NaOH einstellen	10
Xylenolorange (Fa. Merck, Best. Nr. 8677)	orange	AD, pH = 7,2 mit HCl einstellen	90

Die Marker werden subcutan, intravenös oder intraperitoneal verabreicht.

[1] Kapitel § 14 von Prof. Dr. H. Plenk jr., Histologisch-Embryologisches Institut der Universität, Labor für Biomaterial- und Stützgewebeforschung, Wien
[2] Fixierungsgemisch nach Schaffer:

Formalin (36%), mit Calciumcarbonat neutralisiert	1 Teil
80% Äthanol	3 Teile

Nach dem Mischen pH kontrollieren, soll um 7,2 sein

[3] Rahn B A (1976) Die polychrome Fluoreszenzmarkierung des Knochens. Nova Acta Leopold 44:249–255

§15. Ponceau 2R zur Proteinfärbung

Saure Lösungen von Ponceau 2R können verwendet werden, um Proteine in Semidünnschnitten von Eponmaterial anzufärben [1]. Ursprünglich wurde für diese Technik vorgeschlagen, die Schnitte mit Perjodsäure vorzubehandeln, um so oxidativ Osmium zu entfernen; die eigentliche Färbung ist danach durchzuführen. Eine spätere Modifikation [2] zeigt, daß man *zugleich* Osmium duch Perjodsäure entfernen und den Farbstoff anbieten kann. Die Technik eignet sich vor allem sehr gut zur Darstellung von Protein in Zellen, die viel Lipidtropfen enthalten, da durch die Entfernung des Osmiums der Graukontrast der Lipide verschwindet.

Methode zur Proteinfärbung mit Ponceau 2R

1 Schnitte am Objektträger antrocknen
2 *Färbung:* 0,5% Ponceau 2R in 2% wäßriger Perjodsäure,
   pH = 1,5, bei 45–50 °C   30 min
3 Spülen in Aqua dest.
4 Trocknen, *Eindecken der Schnitte.*

Die Färbezeit variiert, man kontrolliert am besten nach 20 min in Abständen von 5 min das Fortschreiten der Färbung.

Als besonderer Vorteil der Methode wird angeführt, daß sich auf diese Weise die Proteinfärbung spezifisch mit Schwarz-Weiß-Filmmaterial dokumentieren läßt. Wenn die Schwärzung von Lipiden durch Osmium nicht stört oder gar gewünscht sein soll, kann man die Färbung mit 0,5 % Ponceau 2R in wäßriger Lösung durchführen, der man Schwefelsäure zum Einstellen des pH auf pH = 1,5 zugesetzt hat. Die Färbung zeigt dann Protein in leuchtendem Rot, die Lipide in Grautönen des Osmiums. Die Schnitte schwimmen in der schwefelsauren Färbelösung weniger leicht ab als bei Verwendung von Perjodsäure. Übermäßiges Ausdehnen der Färbezeit führt weder zur Überfärbung, noch zu Niederschlägen.

[1] Gori P (1977) Ponceau 2R staining on semi-thin sections of tissues fixed in glutar-aldehyde-osmium tetroxide and embedded in epoxy resins. J Microsc 110:163–165
[2] Gori P (1978) Ponceau 2R staining of proteins and periodic acid bleaching of osmicated subcellular structures on semi-thin sections of tissues processed for electron microscopy: a simplified procedure. J Microsc 114:111–113

§16. Safranin O und Haematoxylin-Safranin O

Als Schnellfärbung wird *Safranin O* vor allem für pflanzliches, in Epon eingebettetes Material empfohlen [1]. Der Farbstoff bindet besser nach Fixierung in Glutaraldehyd allein, als dies nach Glutaraldehyd-Osmiumtetroxid der Fall ist. Vor allem werden Chromatinstrukturen und Zellwände dargestellt. In tierischen Geweben ist neben der Anfärbung von Kernstrukturen die Darstellung von Elastin erwähnenswert (s. §47).

Methode zur Schnellfärbung mit Safranin O

1 Schnitte am Objektträger antrocknen
2 *Färbung:* Stammlösung von 1% Safranin O in 96% Äthanol mit Aqua dest. im Verhältnis 1:1
   verdünnt   bei Raumtemperatur 90–120 min
                                     bei 60 °C   1–2   min
3 Wenn nötig, kurz (für Sekunden) in 50% Äthanol differenzieren
4 Schnitte trocknen
5 *Eindecken* oder direkt mit Immersionsöl überschichten.

Im osmierten Gewebe verliert die Färbung mit Safranin O an Schärfe der Definition. Auch das nachträgliche Entfernen von Osmium mit Oxidationsmitteln bessert die Situation nicht wesentlich [1]. In tierischen Geweben eignet sich die Färbung vor allem zur Darstellung von Polyanionen, wobei der stoichiometrische Bindungsmodus unter Umständen eine photometrische Quantifizierung erlaubt [2].

Als *Kerngegenfärbung* eignet sich für Safranin O Haematoxylin, entweder Eisenhaematoxylin (s. §24) oder das von Cooley et al. [3] angegebene, dem Weigert'schen Haematoxylin ähnliche Rezept. Auf jeden Fall haben letztere Autoren als wesentlichen Schritt die Oxidation der Schnitte vor der Färbung (und damit das Entfernen des Osmiums aus den Schnitten) betont. Die Rezeptur zu ihrer Haematoxylin-Safranin-Färbung lautet:

Methode zur Färbung mit Haematoxylin-Safranin O

1	Schnitte am Objektträger antrocknen	
2	*Oxidieren* in 10% Wasserstoffperoxid	10 min
3	*Beizen* in 4% Ammoniumeisen(III)sulfat	15 min
4	Spülen in Leitungswasser, fließend	2 min
5	Trocknen auf heißer Platte (60 °C)	
6	*Färbung 1:* Haematoxylinlösung, bei 60 °C	20 min
7	Spülen in Leitungswasser, fließend	2 min
8	Trocknen auf heißer Platte (60% C)	
9	*Färbung 2:* Auftropfen einer wäßrigen Lösung von Safranin O, 0,1%, bei 60 °C	15 s
10	Spülen in Aqua dest.	
11	Trocknen und *Eindecken der Schnitte.*	

Zubereitung der Haematoxylinlösung

1 1 g Haematoxylin in 10 ml Äthanol lösen, auf 37 °C erwärmen,
2 Mit Sauerstoff 2 h durchperlen
3 Mit Leitungswasser auf 100 ml auffüllen
4 0,15 ml einer gesättigten, wäßrigen Lithiumcarbonatlösung zusetzen.

Glykokalyx, Erythrozyten und Sekretgranula färben sich blau; Kolloid und Bindegewebe sind purpur, Schleim rosa, Lipid orange. Glykogen imponiert tiefrot, alle anderen Strukturen in Grautönen.

[1] Navarrete MH, Colman CD, Stockert JC (1980) Safranine staining for Epon semithin sections. Mikroskopie 36:193–198
[2] Rosenberg L (1971) Chemical basis for the histological use of Safranin O in the study of articular cartilage. J Bone Joint Surg 53 A:69–82
[3] Cooley CA, Lucas JA, Schardein JA (1972) A modified Hematoxylin-Safranin stain for 0,5–2 μm sections. Stain Technol 47:44–46

§17. Toluidinblau-basisches Fuchsin und Toluidinblau-Pyronin

Die Schnellfärbung mit alkalischem Toluidinblau O [1] (s. §11) kann in vorteilhafter Weise mit basischem Fuchsin als Gegenfärbung ergänzt werden. Das Ergebnis ähnelt der gewöhnten Übersichtsfärbung mit Haematoxylin und Eosin an Paraffinschnitten. Da beide Farbstoffe positiv geladen sind, ist die Methode ın alkalischer Lösung praktisch als Schnellfärbung durchführbar.

Methode zur (Schnell)Färbung mit Toluidinblau-basisches Fuchsin

1 Schnitte am Objektträger antrocknen
2 *Färbung 1:* 0,1% Toluidinblau O in 2,5% wäßriger
   Na$_2$CO$_3$ Lösung, bei 60 °C   1–2 min
                     bei Zimmertemperatur   20–30 min
3 Spülen mit Aqua dest., auf der Heizplatte trocknen
4 *Färbung 2:* 1,0% basisches Fuchsin in Aqua dest.,
   bei 60 °C   1–2 min
5 Spülen in Aqua dest.
6 Schnitte trocknen
7 *Eindecken* oder mit Immersionsöl überschichten.

Diese Kombination eignet sich besonders für Eponschnitte von Glutaraldehyd-Osmiumtetroxid fixiertem Gewebe. Toluidinblau bewirkt eine kontrastreiche Darstellung von Kern- und Zellstrukturen, Fuchsin färbt die Faseranteile der Zwischenzellsubstanz.

Ebenfalls für Eponschnitte wurde ein Gemisch aus Toluidinblau und Pyronin bei alkalischem pH verwendet [2]. Die Färbelösung kann bei Raumtemperatur oder auf der heißen Platte zur Schnellfärbung verwendet werden:

In letzter Zeit hat die Färbung mit Toluidinblau-Pyronin vor allem bei
der lichtmikroskopischen Beurteilung von Hodenbiopsien mit Hilfe der
Semidünnschnittechnik Bedeutung erlangt [3].

[1] Trump BF, Schmuckler EA, Benditt EP (1961) A method for staining epoxy
    sections for light microscopy. J Ultrastruct Res 5:343–348
[2] Ito S, Winchester RJ (1963) The fine structure of the gastric mucosa in the bat.
    J Cell Biol 16:541–577
[3] Holstein AF, Wulfhekel U (1971) Die Semidünnschnittechnik als Grundlage für
    eine cytologische Beurteilung der Spermatogenese des Menschen. Andrologie
    3:65–69

§ 18. Schnellfärbung mit Methylenblau-Azur II und Methylenblau-basisches Fuchsin

Auch die von Richardson et al. [1] angegebene Lösung von Methylenblau und Azur II arbeitet nach den in § 10 ausgeführten Grundlagen. Als alkalische Stammlösung wird eine 1 %ige wäßrige Boraxlösung verwendet. Die Methode arbeitet besonders gut bei Schnitten von Epon-Material, für primär mit Osmiumtetroxid fixiertes, oder mit Glutaraldehyd-Osmiumtetroxid fixiertes Gewebe.

Methode zur Schnellfärbung mit Methylenblau-Azur II

1   Schnitte am Objektträger antrocknen
2   *Färbung:* In einem Gemisch aus gleichen Teilen 1 % Azur II
    in Aqua dest. + 1 % Methylenblau in 1 % Borax,
    bei 60 °C   1 – 2 min
3   Spülen mit Aqua dest.
4   Schnitte trocknen
5   *Eindecken* oder direkt mit Immersionsöl überschichten.

Wie bei der Schnellfärbung mit Toluidinblau (s. § 11) kann die Färbezeit variiert werden; durch Verdünnen der Farbstofflösung und Herabsetzen der Temperatur wird sie verlängert. Entfärben der Schnitte durch Waschen in 95 % Äthanol.

In korrespondierender Weise können an Stelle von Methylenblau und Azur II Methylenblau und Thionin miteinander kombiniert werden [3]. Das Resultat unterscheidet sich nicht wesentlich.

Durch *Gegenfärben mit basischem Fuchsin* erzielt man hübsche Farbeffekte, das Bild erinnert an die Übersichtsfärbung mit Haematoxylin-Eosin bei Paraffinschnitten. Da beide Farbstoffe in alkalischer Lösung angeboten werden, arbeitet auch diese Technik sehr zügig [2]:

Methode zur Färbung mit Methylenblau-basisches Fuchsin

1 Schnitte am Objektträger antrocknen
2 *Färbung 1:* 1% Methylenblau in 1% wäßriger Boraxlösung,
   bei 60 °C   1–2 min
3 Spülen in Aqua dest.
4 *Färbung 2:* 2% basisches Fuchsin in AD, bei 60 °C   1–2 min
5 Spülen in Aqua dest.
6 Schnitte trocknen
7 *Eindecken* oder direkt mit Immersionsöl überschichten.

[1] Richardson KC, Jarett L, Finke EH (1960) Embedding in epoxy resins for ultra-thin sectioning in electron microscopy. Stain Technol 35:313–325
[2] Aparicio SR, Marsden P (1969) A rapid methylene blue-basic fuchsin stain for semi-thin sections of peripheral nerve and other tissues. J Microsc 89:139–141
[3] Rüdeberg C (1967) A rapid method for staining thin sections of Vestopal W-embedded tissue for light microscopy. Experientia 23:792–794

§ 19. Methylenblau-Azur-Eosin

Mit den in jedem Labor vorrätigen fertigen Farblösungen nach May-Grünwald oder Giemsa lassen sich Epon-, Araldit-, und Methacrylatschnitte färben. Collan [1] findet, daß sich Eponschnitte mit der Lösung nach May-Grünwald in 15–30 min, mit dem Farbgemisch nach Giemsa in 10–20 min anfärben, beides bei Raumtemperatur. Aus dem in den vorhergegangenen Abschnitten gesagten ist klar, daß dies in erster Linie eine Färbung mit Methylenblau oder Methylenblau-Azur sein wird, daß die charakteristischen Effekte von Methylenblau-Eosin fehlen werden (s. § 10). Durch Steigerung der Temperatur kann nur die Färbedauer verkürzt werden.

Zur Beurteilung der haematopoetischen Zellen in Knochenbiopsien wird manchmal sicher auch eine panoptische Färbung gewünscht werden. Stanzbiopsien werden zur Hartschnittmikrotomie in Methacrylat eingebettet (s. § 3 A) und für *Methaycrylatschnitte* wurde eine geeignete Färbemethode ausgearbeitet [1]:

Methode zur Färbung mit Methylenblau-Azur-Eosin

1	*Färbung 1:* Methylenblau-Azur B	10–20 min
2	Den Schnitt mehrmals in 95 % Äthanol tauchen, bis die überschüssige Farbe abgewaschen ist	
3	*Färbung 2:* Alkoholische Eosinlösung	0,5–1 min
4	Spülen in 1 % Essigsäure-Alkohol für Sekunden	
5	*Eindecken der Schnitte.*	

Für Hartmikrotomschnitte, die 3–5 mal so dick wie Semidünnschnitte sind, wird die alkoholische Eosinlösung mit 80 % Äthanol im Verhältnis 1 : 1 oder 1 : 2 verdünnt; auch die Färbezeiten für die Methylenblau-Azur B Lösung sind geringer (2–5 min).

Zubereitung der Färbelösungen:

Methylenblau-Azur B:

1 Methylenblau	0,5 g
2 Azur B	0,5 g
3 Borax	0,5 g
4 Aqua dest.	100 ml

Äthanolisches Eosin:

1 Eosin gelblich, wasserlöslich	1,0 g
2 Aqua dest.	20 ml
3 Äthanol	80 ml

Das an Methacrylatschnitten mit dieser Färbung erzielte Resultat läßt sich mit einer May-Grünwald-Färbung oder Giemsa-Färbung eines Blut- oder Knochenmarkausstriches vergleichen. Allerdings treten die azurophilen Granula auch bei der angegebenen Methode nur schlecht hervor [1] und man ist beim Identifizieren der Promyelozyten auf andere morphologische Kriterien angewiesen.

Ein bequemeres Vorgehen bedeutet die Anwendung der fertigen Farbstofflösung auch Giemsa, um *Methacrylat- und Vestopalschnitte* zu färben [2]:

Methode zur Färbung mit Giemsa-Lösung

1 *Färbung:* Giemsa-Lösung unverdünnt (Fa. Merck, Best. Nr. 9204) oder Giemsa-Lösung : Methanol = 1 : 1   5 – 60 min
2 Kurz spülen in Aqua dest.
3 Wenn nötig, differenzieren in Aceton
4 Schnitte trocknen
5 *Eindecken* oder direkt mit Immersionsöl überschichten.

[1] Szczesny T (1978) Methylene blue-Azure B-Eosin staining method for thin methacrylate sections of bone marrow Acta Histochem Cytochem 11:129–132
[2] Thoenes W (1959/1960) Giemsa-Färbung an Geweben nach Einbettung in Polyester ("Vestopal") und Methacrylat. Z Wiss Mikrosk 64:406–413

59

§20. Haematoxylin-Eosin

Die allgemein gebräuchliche Übersichtsfärbung läßt sich wegen des niedrigen pH der Farbstofflösungen nicht für Epon- und Aralditschnitte anwenden, ohne daß das Harz entfernt oder zumindest durch eine Vorbehandlung aufgelockert wird. Dagegen lassen sich *Schnitte von Methacrylatblöcken* unmittelbar anfärben, wenn die Färbezeiten auf 4–5 h für Haematoxylin (nach Harris oder Delafield), und auf 1 h für Eosin (10% in Alkohol) ausgedehnt werden [1].

Zur Aufbereitung der Epon- oder Aralditschnitte eignen sich Natriummethylat oder Natronlauge-Alkohol (s. §8), aber auch 15% Wasserstoffperoxid [2]. Dabei hat die letztere Methode den Vorteil, einfach zu sein und zugleich Osmium aus den Schnitten zu entfernen (wodurch die Anfärbbarkeit verbessert wird).

Methode zur Färbung mit Haematoxylin-Eosin

1 *Vorbehandlung:* Entfernen von Osmium, Auflockern des Harzes; 15% Wasserstoffperoxid in Aqua dest.   10 min
2 Spülen in Aqua dest.
3 Harris Haematoxylin (Fa. Merck, Best. Nr. 9253)   15 min
4 Spülen in Aqua dest.
5 Bläuen in Leitungswasser
6 Eosin, 1% in Aqua dest., angesäuert mit 1 Tropfen Essigsäure
                                                                              5 min
7 Spülen in Aqua dest.
8 *Eindecken der Schnitte.*

Die angegebenen Färbezeiten können durch laufende Kontrolle den Bedürfnissen angeglichen werden. Sollte die Auflockerung des Harzes durch Wasserstoffperoxid allein nicht ausreichen, so ist es zweckmäßig und schneller, das Harz gleich mit Natriummethylat zu entfernen (s. §8). Dieser Schritt dauert nicht länger als 15 min und führt sicher zum Erfolg, während allein die Verlängerung der Färbezeit um 1 h nicht unbedingt das gewünschte Resultat bringen muß. Die Anfärbbarkeit der Schnitte hängt – wenn das Harz nur aufgelockert werden soll – von zahlreichen Faktoren ab, wie z.B. von der Mischungsart des Harzes, seiner Polymerisation, dem Alter des Blockes usw., sodaß die Erwartungen bezüglich der Anfärbbarkeit nicht unbedingt zutreffen müssen.

Die Ergebnisse der Färbung mit Haematoxylin-Eosin rechtfertigen in keiner Weise den dafür nötigen Aufwand. Die Information, die die Schnell-färbung mit Toluidinblau – basisches Fuchsin bringt [3], ist mindestens vergleichbar (s. §17).

In letzter Zeit wurden Methacrylatmedien als Einbettungsmittel für konventionelle histologische Techniken entwickelt, z.B. *Technovit 7100* der Fa. Kulzer, ein Hydroxyäthylmethacrylat (Glycolmethacrylat) [4]. Dieses Harz läßt sich am Ultramikrotom mit Glasmessern semidünn schneiden, und man kann sowohl mit alkalischen wie mit sauren Färbelösungen ohne Vorbehandlung arbeiten. Die Einbettung eignet sich allerdings nicht für Dünnschnitte, sodaß man nicht eigens zum Zweck der Herstellung von Semidünnschnitten in Technovit einbetten wird. Dünnschnitte können von Polymerisaten aus einer Mischung von *Glycolmethacrylat und Quetol 523* hergestellt werden [5], die sich nicht nur mit Haematoxylin-Eosin oder mit jeder anderen konventionellen Methode direkt anfärben, sondern auch unmittelbar elektronenmikroskopisch untersuchen lassen. Diese Technik wird allerdings speziellen Fragestellungen vorbehalten bleiben.

[1] Laschi R, Baccarani M (1970) Microscopia ottica di sezioni semifini ottenute da materiale preparato per la microscopia elettronica. Arch Ital Anat Embriol 72:37–49
[2] Houck CE, Dempsey E (1954) Cytological staining procedures applicable to methacrylate-embedded tissues. Stain Technol 29:207–211
[3] Aparicio SR, Marsden P (1969) A rapid methylene blue-basic fuchsin stain for semithin sections of peripheral nerve and other tissues. J Microsc 89:139–141
[4] Fa. Kulzer & Co GmbH, Bereich Technik, Postfach 1320, D-6382 Friedrichs-dorf, (BRD)
[5] Kushida H (1977) A new method for embedding with GMA and Quetol 523 for electron microscopic observations on semi-thin sections for light microscopy. J Electron Microsc 26:351–353
Kushida H, Kushida T, Nagato Y (1977) A new embedding method employing water-miscible methacrylates for electron microscopic observations on semi-thin sections for light microscopy. Observations on the same place in semi-thin sections with both light and electron microscopy. JEOL News 15E:11–16

§21. Coelestinblau-Eosin

An Stelle von Haematoxylin-Eosin wurde als Übersichtsfärbung für Schnitte von osmiertem Material Coelestinblau-Eosin vorgeschlagen [1]. Die Färbeeigenschaften der Haematoxyline mit ihren Affinitäten für Lipoproteine und Phospholipide werden durch die Osmiumfixierung, die solche Substanzen in den Präparaten erhält, entscheidend beeinflußt. Dies ist nicht der Fall bei Coelestinblau. Außerdem geben die Autoren eine Version der Eosinlösung, die durch Zusatz von Calciumchlorid bessere Färbeergebnisse bei osmiertem Gewebe gewährleistet. Die Methode ist nur nach Entfernen des Harzes durchführbar.

Methode zur Färbung mit Coelestinblau-Eosin

1 *Vorbehandlung:* Entfernen des Harzes und des Osmiums, z. B. mit Natriummethylat oder Kalilauge-Methanol (s. §8), anschließendes Oxidieren in Wasserstoffperoxid (15% in Aqua dest.) 10 min
2 *Färbung 1:* Coelestinblaulösung, bei Raumtemp.   5–8 min
3 Spülen in Aqua dest.   3 × 5 min
4 *Färbung 2:* Eosin-Calciumchlorid, bei Raumtemp.   15 min
5 Kurzes Spülen in 95% und 100% Äthanol
6 Entwässern in Xylol und *Eindecken* der Schnitte.

Zubereitung der Coelestinblaulösung [1]

1 3 g Eisenalaun (Ammonium Eisen(III)sulfat) in 60 ml Aqua dest. lösen,
2 zu dieser Lösung 0,3 g Coelestinblau B (celestin blue B, National Aniline Division, CI 51050) geben,
3 zum Kochen erhitzen, 2–3 min leicht kochen lassen,
4 abkühlen auf Raumtemperatur, filtrieren,
5 7 ml Glycerin zumischen.

Die Färbelösung soll kühl gelagert werden, sie ist etwa 3–4 Tage haltbar.

> *Zubereitung der Eosin-Calciumchloridlösung* [1]
>
> 1 10 g Eosin Y (Eosin yellow) in 1000 ml Aqua dest. lösen,
> 2 erhitzen bis zum Kochen,
> 3 1 g Calciumchlorid (wasserfrei) zufügen, rühren,
> 4 Hitze vermindern, nach 1–2 min
> 5 abkühlen lassen auf Raumtemperatur,
> 6 ein kleines Stück Thymol in die fertige Lösung werfen.

Diese Eosinlösung eignet sich besonders für Gewebe, die primär in Osmiumtetroxid fixiert wurden, oder die nach Aldehydfixierung osmiert wurden.

[1] Snodgress AB, Dorsey CH, Bailey WH, Cickson LG (1972) Conventional histopathologic staining methods compartible with Epon-embedded, osmicated tissue. Lab Invest 26:329–337

§22. Methylenblau-basisches Fuchsin (Ein-Schritt-Methode)

Diese rasch durchzuführende Färbung ersetzt die Übersichtsfärbung mit Haematoxylin-Eosin, wenngleich die physikochemischen Grundlagen durchaus andere sein mögen. Immerhin werden z. B. Nucleinsäuren, wie in Chromatin und Ergastoplasma, von Methylenblau dargestellt. Die Färbung eignet sich besonders für Schnitte von Glykolmethacrylatmaterial, färbt aber auch Eponschnitte, allerdings nicht so kräftig. Das im folgenden angegebene Rezept stammt von Sarah W. Lee [1]; es handelt sich um eine Färbung mit Methylenblau und basischem Fuchsin, wobei diese Farbstoffe gleichzeitig angeboten werden.

Methode zur Simultanfärbung mit Methylenblau - basisches Fuchsin

1 Schnitte am Objektträger antrocknen
2 *Färbung:* Einstellen der Schnitte in die Färbelösung, bei Raumtemperatur,
  Glykolmethacrylatschnitte   15 s
  Epoxischnitte unter Kontrolle, länger
3 Spülen in Aqua dest., trocknen
4 *Eindecken* der Schnitte.

Zubereitung der Färbelösung

Stammlösung Methylenblau: 0,13 %ige wäßrige Lösung
Stammlösung basisches Fuchsin: 0,13 %ige wäßrige Lösung
Phosphatpuffer [2], pH = 7,6

Färbelösung:		
	Methylenblaulösung	12 ml
	Basisches Fuchsin-Lösung	12 ml
	0,2 M Phosphatpuffer	21 ml
	Äthanol, 95 %	15 ml

Die Färbelösung wird vor der Verwendung filtriert, sie ist etwa eine Woche lang haltbar. Die Ergebnisse entsprechen den Resultaten, die durch andere Kombinationen von Methylenblau mit basischem Fuchsin erzielt werden [3, 4], doch ist der Technik von Lee wegen ihrer Schnelligkeit und Einfachheit bei weitem der Vorzug zu geben.

[1] Bennett HS, Wyrick AD, Lee SW, McNeil JH (1976) Science and art in preparing tissues embedded in plastic for light microscopy, with special reference to glycerol methacrylate, glass knives and simple stains. Stain Technol 51:71–97
[2] Zubereitung des Puffers s. §53
[3] Huber JD, Parker F, Odland GF (1968) A basic fuchsin and alkalinized methylene blue rapid stain for epoxy-embedded tissue. Stain Technol 43:83–87
[4] Aparicio SR, Marsden P (1969) A rapid methylene blue-basic Fuchsin stain for semi-thin sections of peripheral nerve and other tissues. J Microsc 89:139–141

§23. *Ehrlich's* Haematoxylin-Phloxin und Gallocyanin-Phloxin

Munger [1] empfiehlt an Stelle der Übersichtsfärbung mit Haematoxylin-Eosin eine Kombination *Haematoxylin-Phloxin*, um auch an Plastikschnitten eosinophile and basophile Strukturen differenzieren zu können. In der Originalarbeit wird die Färbung für Methacrylatschnitte und Eponschnitte nach Osmiumfixierung des Gewebes (oder nach Dalton's Chrom-Osmiumgemisch) empfohlen.

Wesentliche Schritte sind das *Auflockern der Harzstrukturen* durch Xylol und *Oxidation mit Peressigsäure* vor der Kernfärbung.

Methode zur Färbung mit Ehrlich's Haematoxylin-Phloxin

1 *Vorbehandlung:* Schnitte in Xylol einstellen   1 h
2 Absteigende Alkoholreihe, Aqua dest.
3 *Oxidieren* in Peressigsäure   1 h
4 Spülen in Leitungswasser
5 *Färbung 1:* Ehrlich's Haematoxylin   20–30 min
6 Differenzieren in Wasser oder Salzsäure-Alkohol, unter Kontrolle
7 Bläuen in Lithiumcarbonat (5–7 Tropfen gesättigte Lithiumcarbonatlösung in 100 ml Aqua dest.)   2 min
8 *Färbung 2:* 0,2–0,5% Phloxin B in Aqua dest., unter Kontrolle
9 Kurzes Spülen in Aqua dest.
10 Trocknen und *Eindecken der Schnitte.*

Kernchromatin, Nucleolen und Ergastoplasmabezirke färben sich in blauschwarzen Tönen, in Abstufungen von Rot erscheinen Kollagen und Basalmembranen, Erythrozyten, Grundplasma und Zymogengranula. Glykogen bleibt ungefärbt.

Die Behandlung der Schnitte mit Xylol hat bei Eponeinbettung sicher wenig Effekt und ist mit 1 h ziemlich lange. Man wird besser gleich das Harz mit Natriummethylat oder mit Natronlauge-Alkohol entfernen (s. §8).

Oxidation mit Peressigsäure führt zur Entfernung von Osmium und ermöglicht eine differenzierte Anfärbung der Kernstrukturen. Durch Anwendung von Wasserstoffperoxid (15%, 10 min) ist derselbe Effekt schneller zu erreichen, jedoch nicht so ausgeprägt.

Zubereitung von Ehrlich's Haematoxylin:

1   2 g Haematoxylin in 100 ml 96% Äthanol lösen, dazu
2   100 ml Aqua dest. und
3   100 ml Glycerin.
4   3 g Kalialaun in dieser Mischung lösen und
5   10 ml Eisessig hinzufügen.

Mindestens 14 Tage reifen lassen.

Zubereitung von Peressigsäure [2]

1   95,6 ml Eisessig werden mit
2   259 ml Wasserstoffperoxid (30%) und
3   2,2 ml konzentrierte Schwefelsäure gemischt.

Erst nach 3 Tagen verwenden; im Eisschrank aufbewahren.

Für die Färbung können auch andere Haematoxylinlösungen verwendet werden, wie Harris' oder Weigert's Haematoxylin, Eisenhaematoxyline oder Chromhaematoxylin.

Auch die Kombination von *Gallocyanin-Chromalaun mit Phloxin* [3] wurde in der Absicht eingeführt, einen Ersatz für die Übersichtsfärbung mit H & E zu finden. Sie ist für Methacrylatschnitte von osmiertem Material gedacht. Die Einbettungsmittel werden durch Xylol herausgelöst (wie bei der zuvor erwähnten Technik), ein zusätzlicher Oxidationsschritt zum Entfernen des Osmiums ist bei Gallocyanin nicht nötig. Methacrylat kann natürlich auch mit anderen Lösungsmitteln entfernt werden, so z. B. mit Benzol, Aceton, Amylacetat oder mit 2-Methoxy-äthylacetat. Araldit- oder Eponschnitte können mit Natriummethylat oder Natronlauge-Alkohol aufbereitet werden (s. §8).

1 Schnitte am Objektträger antrocknen
2 *Vorbehandlung:* Harz entfernen (siehe obige Einleitung)
3 Durch Alkoholreihe in Wasser bringen
4 *Färbung 1:* Gallocyanid-Chromalaun-Färbelösung [4] 24–48 h
5 Spülen in fließendem Leitungswasser   30–60 min
6 *Färbung 2:* 0,1 % Phloxin B in 0,1 % wäßriger
   Lösung von Calciumchlorid   5 min
7 Kurz eintauchen in 3 × 95 % Äthanol, dann Xylol
8 *Eindecken* in Harz oder DPX.

Die Färbezeit von 24–48 h bezieht sich auf Methacrylatschnitte die nur mit Xylol vorbehandelt waren (Originalmethode). Tatsächlich aber greift Xylol das Harz kaum an und die stark saure Färbelösung dringt sehr schlecht ein. Auch nach Vorbehandlung mit Benzol muß 4–5 Tage gefärbt werden [5]. Ist das Methacrylat gänzlich entfernt (z. B. mit 2-Methoxy-äthylacetat) oder sind Epon oder Araldit mit Natriummethylat entfernt, reduziert sich die Färbezeit auf ca. 20 min. In jedem Fall muß die optimale Reaktionszeit durch laufende Kontrollen ermittelt werden. Zur Verbesserung der Anfärbbarkeit sollte von osmierten Präparten Osmium entfernt werden (vor Schritt 4 für 10 min in 15 % Wasserstoffperoxid einstellen).

[1] Munger BL (1961) Staining methods applicable to sections of osmium-fixed tissue for light microscopy. J Biophys Biochem Cytol 11:502–506
[2] Gabe M (1976) Histological techniques. Springer, New York Heidelberg Berlin, p 467
[3] Runge J, Verier RL, Hartmann JF (1954) A staining method for sections of osmium-fixed methacrylate-embedded tissue J Biophys Biochem Cytol 4:327–328
[4] Bereitung der Gallocyanin-Chromalaun Färbelösung s. § 55
[5] Munger BL (1961) The ultrastructure and histophysiology of human eccrine sweat glands. J Biophys Biochem Cytol 11:385–402

§24. *Regaud's* Eisenhaematoxylin und Eisenhaematoxylin-basisches Fuchsin-Auramin, Eisenhaematoxylin-Acridinorange

Aralditschnitte können mit der Eisenhaematoxylintechnik nach Regaud ohne Entfernen des Harzes gefärbt werden, sofern man die Färbezeit auf mehrere Stunden ausdehnt [1]. Die Haematoxylinfärbung kann mit einer Gegenfärbung des Hintergrundes kombiniert werden, sodaß sich das Egebnis mit einer der gewohnten Übersichtsfärbungen vergleichen läßt. Die Farbstoffe greifen kräftiger und differenzierter an, wenn die Gewebe nur mit Aldehydlösungen fixiert wurden. Osmiertes Material kann wohl verwendet werden, doch die Färbung dauert länger und fällt weniger klar aus.

Methode Zur Färbung mit Regaud's Eisenhaematoxylin – basisches Fuchsin-Auramin

1	*Beizen:* 4% wäßrige Lösung von Eisenalaun, bei 60 °C	30–60 min
2	Spülen in fließendem Leitungswasser	5 min
3	*Färbung:* Haematoxylinlösung [2], bei 60 °C	2–4 h
4	Spülen in fließendem Leitungswasser	1 min
5	*Differenzieren:* 4% Eisenalaun in Aqua dest.	10–30 s
6	Spülen in fließendem Leitungswasser	5 min
7	Spülen in Aqua dest.	
8	*Färbung:* Basisches Fuchsin-Auramin [3] bei 60 °C	3–10 min
9	Spülen in fließendem Leitungswasser	
10	*Eindecken der Schnitte.*	

Die Methode kann natürlich nach Schritt 7 unterbrochen werden. Wegen der langen Färbezeiten muß man auf gutes Abdecken der Küvetten achten. Die Färbung kann laufend kontrolliert werden. Der Differenzierungsschnitt mit Eisenalaun verläuft rapide; es genügt, die Schnitte in die Lösung zu tauchen und sofort wieder herauszuziehen (einzeln).

Die Gegenfärbung mit basischem Fuchsin-Auramin wird nicht immer vorteilhaft sein. Abhängig davon, welche Bindegewebsanteile zur Darstellung gebracht werden sollen, wird man sie anfügen oder darauf verzichten. Die folgende Aufstellung gibt dazu einen Überblick [1].

Eisenhaematoxylin		Eisenhaematoxylin-Fuchsin-Auramin
Basalmembran	schwarz	rot
Kollagen	grau	rot
Elastin	schwarz	rot
Knorpelgrundsubstanz	schwarzgrau	rot

Eine zarte Färbung des Hintergrundes in gelb-orange erzielt man durch die *Kombination mit Acridinorange* [1], wobei die Farbe des Eisenhaematoxylins sehr deutlich hervorgehoben wird.

Nach der Färbung mit Eisenhaematoxylin werden die Schnitte in

2% Acridinorange in Aqua dest., 60 °C	30–60 min

gefärbt, gespült und wie üblich eingedeckt.

Bei nicht osmierten Araldischnitten kann Acridinorange allein in der oben angeführten Weise als Fluoreszenzfarbstoff verwendet werden, die Ergebnisse sind jedoch nicht überzeugend. Über die Verwendung von Acridinorange als Zusatz zum Fixiermittel zur Präcipitation von Glycosaminoglykanen s. §13.

[1] Musy JP, Modis L, Gotzos V, Conti G (1970) Nouvelles méthodes de coloration sur coupes semifines pour tissues inclus en "Araldit". Etudes au microscope à champ clair, à contraste de phase et à fluorescence. Acta Anat. (Basel) 77:37–49

[2] *Zubereitung der Haematoxylinlösung:*

Löse 1 g Haematoxylin in 10 ml Äthanol abs.
Füge 10 ml Glycerin zu, dann
80 ml Aqua dest.

Die Lösung soll vor Gebrauch mindestens 6 Wochen reifen.

[3] *Zubereitung der Fuchsin-Auramin-Färbelösung:*

Lösung A: 4% Basisches Fuchsin in Aqua dest., filtriert
Lösung B: 2% Auramin in Aqua dest.,   filtriert

Färbelösung Mische gleiche Teile von Lösung A und Lösung B.

§25. *Heidenhain's* Eisenhaematoxylin und Eisenhaematoxylin-Safranin O

Diese Eisenhaematoxylinfärbung kann, wie die zuvor angegebene, allein oder mit Gegenfärbung angewendet werden. Sie arbeitet bei höherer Temperatur und ist daher rascher durchgeführt [1]. Die Färbung eignet sich für Epon- und Aralditschnitte, auch für osmiertes Material. Zur Färbung mit Safranin O allein s. §16.

Zubereitung der Lösungen

Lösung A: 4% Eisenalaun (Ammoniumeisen(III)sulfat) in Aqua dest.
Lösung B: 1 g Haematoxylin in 10 ml 95% Äthanol lösen. Lösung reifen lassen (z. B. 2 h bei 37 °C mit O_2 durchperlen).
Gereifte Lösung 1 : 20, mit Aqua dest. verdünnen
zu 100 ml der verdünnten Lösung 3 Tropfen einer gesättigten wäßrigen Lithiumcarbonatlösung zusetzen
Lösung C: 1% Safranin O in Aqua dest.

Methode zur Färbung mit Heidenhain's Eisenhaematoxylin-Safranin O

1	Schnitte auf Objektträger bei 85 °C antrocknen	30 s
	Auch weiter bei dieser Temperatur *auf der Heizplatte arbeiten*	
2	*Beizen:* mit 4% Eisenalaun = Lösung A bei 85 °C	15–300 s
3	Waschen mit Aqua dest. (aus der Spritzflasche)	10–20 s
4	Schnitte auf der Heizplatte trocknen	
5	*Färben:* mit Lösung B, bei 85 °C	15–300 s
6	Waschen mit Aqua dest. (aus Spritzflasche)	10–20 s
7	Schnitte auf der Heizplatte trocknen	

8	*Gegenfärben:* mit Lösung C, bei 85 °C	15–90 s
9	Waschen mit Aqua dest.	
10	Trocknen und *Einschließen der Schnitte.*	

Zwischen den einzelnen Färbeschritten (nach dem Abspülen) müssen die Objektträger wieder getrocknet werden, damit die Färbelösungen in Tropfen über den Schnitten stehen bleiben und nicht überfließen. Man bringt sie am besten mit einer kurzen Pipette mit Gummihütchen auf. Dauert die Färbezeit länger (sie wird empirisch ermittelt), muß man wegen der hohen Temperatur von 85 °C immer wieder Tropfen von Färbelösung zusetzen. Die Schnitte lassen sich nur dann rasch reinspülen, wenn die Reagenzien nicht eingetrocknet sind. Ergebnis:

Dunkelblau bis schwarz:	Kollagen und Retikulin, Desmosomen, Muskel, Mastzellgranula, Chromatin, Nucleolen
Rot bis orange:	Elastische Fasern, Bürstensaum, Mitochondrien, Melanin, Bakterien
Purpur:	Tonofilamente, Zytosomen

Als Verbesserung dieser Färbung veröffentlichten Cooley et al. [2] eine Variante, die Oxidation der Schritte mit 10% Wasserstoffperoxid vor den einzelnen Färbeschritten vorsieht (s. §16). Dadurch wird Osmium aus den Schnitten entfernt und die Färbbarkeit der Strukturen verbessert.

[1] Schantz A, Schecter A (1965) Iron-hematoxylin and Safranın O as a polychrome stain for Epon sections. Stain Technol 40:279–282
[2] Cooley CA, Lucas JA, Schardeın JL (1972) A modified Hematoxylin-Safranin stain for 0,5–4 µm sections. Stain Technol 47:44–46

§26. Methylenblau-Safranin O und Methylenblau-Malachitgrün-basisches Fuchsin

Die Übersichtsfärbung mit Methylenblau-Safranin O arbeitet rascher als die zuvor erwähnte Eisenhaematoxylinfärbung [1]. Sie eignet sich für Schnitte von osmiertem Material und erfordert kein Entfernen des Harzes. Araldit- und Eponschnitte können verwendet werden.

Methode zur Färbung mit Methylenblau-Safranin O

1 *Färbung*: Methylenblau, 1% in Veronalpuffer, pH 9,6,
  bei Raumtemperatur   10–20 min
2 Spülen in Aqua dest.
3 *Färbung*: Safranin O, 1% in 1% wäßrigem Na_2CO_3,
  bei Raumtemperatur   30–60 min
  oder bei 60 °C   2–3 s
4 Spülen in Aqua dest.
5 Eindecken der Schnitte.

Diese kombinierte Färbung kann als gutes Beispiel dafür dienen, wie durch Steigerung des pH der Färbelösungen (pH = 9,6 bei der Methylenblaulösung) die Färbezeiten verkürzt werden, und wie die Erhöhung der Färbetemperatur (z. B. der Safranin O-Lösung) ebenfalls die Färbezeiten drastisch verkürzt. Natürlich lassen sich zwischen solchen Extremen immer vernünftige Mittelwege finden, die sich dann in jedem Labor entsprechend dem Zweck der angewendeten Färbung einspielen. Färbt man auf einer Heizplatte 2 s, so ist dies für eine rasche Orientierung beim Anschneiden der Blöcke dienlich. Es werden auf diese Weise aber sicher keine reproduzierbaren und auf größeren Flächen gleichmäßigen Färbungen zu erzielen sein.

Das mit Methylenblau-Safranin O gewonnene Bild ist sehr ähnlich der Färbung mit Toluidinblau-basisches Fuchsin (s. §17), doch die Farbtöne sind bei letzterer etwas heller und leuchtender. Die beiden Färbeschritte können natürlich getrennt eingesetzt werden, die Safranin O-Färbung kann zu anderen Kernfärbungen kombiniert, oder durch andere Gegenfärbungen ersetzt werden, z.B. *durch basisches Fuchsin und Malachitgrün* [2, 3].

74

Dabei lassen sich die Farbstoffe auch einfach als gesättigte wäßrige Lösungen verwenden, wenn man nur die Färbetemperatur entsprechend erhöht. Meist wird dabei auf einer Heizplatte bei 80 °C gearbeitet und so 20–30 s gefärbt [3]. Dieses Vorgehen ist notwendig, wenn ein gewünschter Farbstoff beim Lösen in alkalischen Medien seine charakteristischen Eigenschaften verliert, z. B. Malachitgrün. Dieses kann auch zusammen mit Toluidinblau oder Methylenblau gemeinsam gelöst werden (die Thiazinfarbstoffe sind untereinander auswechselbar). Ein solches Rezept lautet etwa wie folgt:

Methode zur Färbung mit Methylenblau-Malachitgrün-basisches Fuchsin

1 *Färbung 1:* gesättigte wäßrige Lösung von Methylenblau (Toluidinblau) und Malachitgrün (4%ig einwägen, filtrieren) auf 80 °C Heizplatte   20–30 s
2 Abtrocknen mit Filterpapier, kurz in Aqua dest. spülen, auf der heißen Platte wieder trocknen
3 *Färbung 2:* gesättigte wäßrige Lösung von basischem Fuchsin (4%ig einwägen, filtrieren) auf 80 °C Heizplatte bis 60 s
4 Abtrocknen mit Filterpapier, kurz in Aqua dest. spülen, auf der heißen Platte wieder trocknen
5 *Eindecken der Schnitte.*

Bei Schnitten von in *Methacrylat* eingebettetem Material kann mit Malachitgrün auch bei Raumtemperatur gefärbt werden (1%ige wäßrige Lösung, etwa 4 h), auch mit einer Mischung aus 1% Malachitgrün und 0,3% Säurefuchsin (Methode nach Pianese) [2]. Vergleiche dazu auch die Färbungen für Methacrylatschnitte (§ 34).

[1] Musy JP, Modıs L, Gotzos V, Contı G (1970) Nouvelles méthodes de coloration sur coupes semıfines pour tissues inclus en "Araldit". Etudes au microscope à champ clair, à contraste de phase et à fluorescence. Acta Anat (Basel) 77:37–49
[2] Laschı R, Baccaranı M (1967) Microscopia ottica de sezionı semıfini ottenute da materiale preparato per la mıcroscopia elettronıca. Arch Ital Anat Embrıol 72:315–325
[3] Laschı R, Govonı E (1978) Staınıng methods for semithın sections In: Johannessen JV (ed) Electron microscopy in human medıcıne. Instrumentatıon and technıques, vol I McGraw-Hill, New York

§27. Trichromfärbung für Pankreasinseln

Die einfache Darstellung der B-Zellen des Inselapparates mit Aldehydfuchsin findet man bei der Anleitung zur Färbung von Elastin (s. §47). Eine differenzierte Trichromfärbung der Inselzellen läßt sich nach Munger [1] mit Schnitten von osmiertem Material dann vornehmen, wenn ein Oxidationsschritt mit Peressigsäure [2] vorausgeht. Es eignen sich Schnitte von in Methacrylat eingebettetem Material, aber auch von Epoxiharzen (Epon, Araldit), wenn die Färbezeiten auf das zwei- bis fünffache ausgedehnt werden.

Methode zur Trichromfärbung des Inselapparates

1	*Vorbehandlung:* Schnitte in Xylol einstellen	1 h
2	Absteigende Alkoholreihe, Aqua dest.	
3	Oxidieren in Peressigsäure [2]	1 h
4	Spülen in Leitungswasser	
5	Oxidieren in 0,5% wäßriger Kaliumpermanganatlösung	5 min
6	Bleichen in 2% wäßriger Kaliummetabisulfitlösung	5 min
7	Spülen in Leitungswasser	
8	*Färbung 1:* Aldehydthionin [3]	Über Nacht
9	Spülen in 95% Äthanol	
10	*Kernfärbung:* Ehrlich's Haematoxylin [4]	20–30 min
11	Differenzieren in Wasser oder Salzsäure-Alkohol, unter Kontrolle	
12	Bläuen in Lithiumcarbonat (5–7 Tropfen gesättigter Lithiumcarbonatlösung in 100 ml Aqua dest.)	2 min
13	*Färbung 2:* 0,2–0,5% Phloxin B in Aqua dest., unter Kontrolle	
14	Kurzes Spülen in Aqua dest.	
15	Trocknen und *Eindecken der Schnitte.*	

Die Färbezeiten müssen bei Epoxiharzen verlängert werden oder man färbt im Wärmeschrank bei 50–60 °C. Die angegebene Methode ist eine Kombination der von Munger [1] beschriebenen Übersichtsfärbung mit Haematoxylin und Phloxin, zur Aldehydthioninfärbung für B-Zellgranula. Die Aufbereitung des Harzes mit Peressigsäure hat den Vorteil, auch Osmium aus den Schnitten oxidativ zu entfernen, ist aber wesentlich langwieriger als das Entfernen des Harzes mit Natriummethylat, das mit einer verkürzten Peressigsäureoxidation kombiniert wird. Insgesamt sind die Ergebnisse, die mit osmiertem Material zu erzielen sind, wesentlich schlechter als solche mit ausschließlich in Glutaraldehyd fixierten Geweben. Man soll daher zur Demonstration der Färbung nur mit Aldehydlösungen fixieren, ebenso für ausschließlich lichtmikroskopische Untersuchungen. Die Aufbereitung osmierter Schnitte ist dann für die Strukturzuordnung an Folgeschnitten bei elektronenmikroskopischen Untersuchungen wesentlich.

Zubereitung von Peressigsäure [2]

1   95,6 ml Eisessig werden mit
2   259 ml Wasserstoffperoxid (30%) und
3   2,2 ml konzentrierte Schwefelsäure gemischt.

Erst nach 3 Tagen verwenden; im Eisschrank aufbewahren.

[1] Munger BL (1961) Staining methods applicable to sections of osmium-fixed tissue for light microscopy. J Biophys Biochem Cytol 11·502–506
[2] Gabe M (1976) Histological techniques. Springer, New York Heidelberg Berlin, p 467
[3] Zubereitung von Aldehydthionin s. §55
[4] Zubereitung von Ehrlich's Haematoxylin s. §23

§28. Polychrome Färbung für enteroendokrine Zellen [1]

Zur differenzierten Anfärbung entero-endokriner Zellen wurde eine polychrome Färbung vorgeschlagen, die sich folgender Farbstoffe bedient: Erythrosin, Orange G, Anilinblau und Säurealizarinblau [2]. Die Färbung arbeitet bei *osmiertem Material*, das Harz muß entfernt werden. In einer Folgepublikation wurden die unterschiedlich gefärbten endokrinen Zellen elektronenmikroskopisch identifiziert [3]. Als grobe Faustregel kann gelten, daß endokrine Zellen mit kleinen Sekretgranula hellblau angefärbt sind, mit steigendem Durchmesser der endokrinen Granula wird die Farbe kräftiger blau bis blauviolett, die größten endokrinen Granula färben sich rot.

Methode zur polychromen Färbung enteroendokriner Zellen (osmiertes Material)

1	*Vorbehandlung:* Entfernen des Harzes mit Natriummethylat	
	(1) Natriummethylat gesättigt in Methanol	60–90 min
	(2) Natriummethylat gesättigt in Methanol:	
	Aceton = 1:1	5–10 min
	(3) Methylat abwaschen in Aceton	
2	Spülen in Aqua dest.	
3	*Färbung 1:* 1% Erythrosin in Aqua dest.,	
	bei Raumtemperatur	10 min
4	Spülen in Aqua dest., kurz!	5 s
5	*Färbung 2:* Heidenhain's Anilinblau-Orange	
	G-Lösung, bei Raumtemperatur	10 min
6	Spülen in Aqua dest., kurz!	10 s
7	*Färbung 3:* 0,5% Alizarinblau in 10% wäßriger	
	Aluminiumsulfatlösung, bei Raumtemperatur	10 min
8	Spülen in Aqua dest., nur Eintauchen!	
9	5% wäßrige Phosphormolybdänsäure	8–10 min
10	Spülen in Aqua dest., kurz!	5 s
11	Absoluter Alkohol, *Eindecken* der Schnitte.	

Für die Färbung mit Erythrosin und Orange G scheint die Osmiumfixierung von entscheidender Bedeutung zu sein, wobei der gelbe Farbton der
enterochromaffinen Zellen durch Überlagerung von Orange G und Osmierung zustande kommt [2]. Färbt man nur mit Glutaraldehyd fixiertes
Material in der beschriebenen Weise, erhält man nur Blautöne. Um mit den
Ergebnissen der Bleihaematoxylinfärbung vergleichen zu können (s. §30)
wurde eine Modifikation der polychromen Färbung entwickelt, die von
Schnitten *unosmierten Materials* ausgeht und die Osmierung nach Entfernen
des Harzes am Semidünnschnitt vorsieht.

---

*Methode zur polychromen Färbung enteroendokriner Zellen (unosmier-
tes Material)*

1 *Vorbehandlung:* Entfernen des Harzes mit Natriummethylat
   (1) Natriummethylat gesättigt in Methanol   60–90 min
   (2) Natriummethylat gesättigt in Methanol:
   Aceton = 1:1   5–10 min
   (3) Methylat abwaschen in Aceton
2 Spülen in Aqua dest.
3 *Osmieren* in 1% Osmiumtetroxid in 0,1 M
   Veronalpuffer, pH = 7,2; bei Raumtemperatur   5–7 min
4 Spülen in Aqua dest.
5 *Färbung 1:* 1% Erythrosin in AD,
   bei Raumtemperatur   10 min
6 Spülen in Aqua dest., kurz!
7 *Färbung 2: Heidenhain's* Anilinblau-Orange
   G-Lösung, bei Raumtemperatur   10 min
8 Spülen in Aqua dest., kurz!
9 *Färbung 3:* 0,5% Alizarinblau in 10% wäßriger
   Aluminiumsulfatlösung, bei Raumtemperatur   10 min
10 Spülen in Aqua dest., kurz!
11 5% wäßrige Phosphormolybdänsäure   8–10 min
12 Spülen in Aqua dest., kurz!
13 Absoluter Alkohol, *Eindecken* der Schnitte.

Bei einer Schnittdicke von 1–2 µm erhält man eine kräftige Färbung,
dünnere Schnitte (0,5 µm) sind blaß aber doch differenziert gefärbt. In
dünneren Schnitten können innerhalb einer endokrinen Zelle Granula mit
unterschiedlichem Färbeverhalten nachgewiesen werden. Eine Intensivierung der Färbung an dünnen Schnitten erreicht man durch erhöhte Färbetemperatur (bis 60 °C) bei gleichbleibender Färbedauer.

Zubereitung der Heidenhain'schen Anilinblau-Orange G-Lösung

1 100 ml 0,8% Essigsäure erwärmen (oder in den 60 °C Wärme-schrank stellen);
2 0,5 g Anilinblau ws einrühren, danach
3 2 g Orange G.
4 Wenn sich die Farbstoffe nicht gänzlich lösen, bis zum Kochen erhitzen.
5 Abkühlen lassen und
6 Filtrieren.

Zur Verwendung 1:1 (dünne Schnitte) bis 1:3 (dicke Schnitte) mit Aqua dest. verdünnen.

Zubereitung der Alizarinblaulösung

1 in 100 ml Aqua dest. 10g Aluminiumsulfat lösen,
2 0,5 g Alizarinblau dazurühren, erwärmen
3 5–10 min kochen, dann
4 Abkühlen lassen,
5 filtrieren;
6 auf 100 ml mit Aqua dest. auffüllen.

[1] in Zusammenarbeit mit Cand. med. Wolfgang Sellner, Wien
[2] Pradal G, Lefranc G (1978) Mise en évidence simultanée de plusieurs catégories de cellules endocrines dans la muqueuse fundique du Lapin. Biol Cell 31:217–218
[3] Lefranc G, Richard E, Pradal G (1982) Polychromic and electron microscopy identification of several types of endocrine cells in cat intestinal mucosa. Biol Cell 46:189–194

§29. Aldehydfuchsin für Neurosekret und B-Zellen des Inselorganes

Die selektive Färbung von Neurosekret und Insulin durch Aldehydfuchsin läßt sich in Geweben, die mit Glutaraldehyd-Osmiumtetroxid fixiert wurden, auch nach Permanganatoxidation nicht befriedigend durchführen. Erst die von Stoeckel et al. [1] eingeführte weitere Oxidation mit Chromsäure führt zu überzeugenden Resultaten.

Methode zur Färbung mit Aldehydfuchsin

1	*Vorbehandlung:* Entfernen des Harzes mit Natriummethylat	
	(1) Natriummethylat gesättigt in Methanol	3–5 min
	(2) Natriummethylat gesättigt in Methanol:Aceton = 1:1	3–5 min
	(3) Methylat abwaschen in Aceton	5 min
	(4) Spülen in Aceton:Aqua dest. = 1:1	5 min
2	Spülen in Aqua dest.	
3	*Oxidation 1:* In einer Mischung aus	
	25 ml Formalin + 5 ml Eisessig + 75 ml 4%ige wäßrige Chromsäure	
	bei 60 °C	1–3 h
4	*Oxidation 2:* In einer Mischung aus	
	1 Vol 2,5% wäßrige Kaliumpermanganatlösung + 1 Vol 5% Schwefelsäure + 6 Vol Aqua dest.	
	bei Raumtemperatur	10 min
5	Bleichen in 1% Oxalsäure	5 min
6	*Färbung:* In Aldehydfuchsin-Färbelösung [2]	15 min
7	Entwässern in steigender Alkoholreihe, Xylol,	
8	*Eindecken* der Schnitte.	

Die Färbemethode stellt alle Strukturen dar, die ausreichend Sulfhydryl-gruppen enthalten, also Neurosekret und Insulin. Als Gegenfärbung kann mit verdünnter Toluidinblaulösung nach Trump et al. [3] in der Küvette eine Kernfärbung durchgeführt werden. Es kann aber auch mit Haematoxylin gegengefärbt werden, da das Harz bereits aus den Schnitten gelöst ist. Die Farbe der Oxidationslösung 1 soll grüngelb sein. Sie ist zu verwerfen, wenn sie grünbraun oder dunkelgrün wird.

[1] Stoeckel ME, Porte A, Dellmann H-D (1972) Selective staining of neurosecretory material in semithin epoxy sections by Gomori's aldehyde fuchsin Stain Technol 47:81–85
[2] Zubereitung der Aldehydfuchsin-Färbelösung s. § 55
[3] Trump BF, Smuckler EA, Benditt EP (1961) A method for staining epoxy sections for light microscopy. J Ultrastruct Res 5:343–348

§30. Bleihaematoxylin für endokrine Zellen

Bleihaematoxylin [1] wurde von Solcia et al. [2] zur Darstellung endokriner Zellen eingeführt. Die Färbung kann für Semidünnschnitte angewendet werden, wenn

a) das Harz vor der Färbung entfernt wird, und
b) die Präparate nicht osmiert wurden (nur Aldehydfixierung) [3].

Die Färbung ist nicht durchführbar, wenn bei Schnitten von osmiertem Material Osmium entfernt wird.

Bleihaematoxylin färbt in zart blauem Ton sehr distinkt. Endokrine Granula sind deutlich auszunehmen, sobald sie lichtmikroskopische Dimensionen erreichen. Werden die Durchmesser der Körnchen allerdings klein und ihre Anzahl gering, so kann unter Umständen keine Anfärbbarkeit mehr beobachtet werden. Ein negativer Ausfall der Färbung ist also ohne Aussagekraft. Neben Sekretkörnchen inkretorischer Zellen werden auch das Chromatin, Zellgrenzen, Schlußleisten, Desmosomen usw. zart angefärbt, sodaß es gleichzeitig zur übersichtlichen Darstellung des Hintergrundes kommt. Araldit- und Eponschnitte können verwendet werden.

Methode zur Färbung mit Bleihaematoxylin

1 *Vorbehandlung:* Entfernen des Harzes mit Natriummethylat
   (1) Natriummethylat gesättigt in Methanol   3–5 min
   (2) Natriummethylat gesättigt in
       Methanol : Aceton = 1 : 1   3–5 min
   (3) Methylat abwaschen in Aceton   5 min
   (4) Spülen in Aceton : Aqua dest. = 1 : 1   5 min
2 Spülen in Aqua dest.
3 *Färbung:* Bleihaematoxylinlösung, 60 °C,   90–120 min
4 Waschen in Aqua dest.
6 Entwässern in steigender Alkoholreihe, Xylol,
   Eindecken der Schnitte.

Bleihaematoxylin färbt A- und D-Zellen der Pankreasinseln, chrom-affine Zellen des Nebennierenmarks und andere paraganglionäre Zellen (sofern sie ausreichend mit Sekretgranula bespeichert sind), ACTH- und MSH-Zellen der Hypophyse, die enterochromaffinen Zellen des Magen-Darmtraktes, sowie G- und X-Zellen der Magenschleimhaut [2].

Zur Bleihaematoxylinfärbung können Epon- und Aralditschnitte auch mit Natronlauge-Alkohol vorbereitet werden.

Die Haematoxylinlösung soll immer frisch zubereitet sein, sie ist nur einmal verwendbar. Es empfiehlt sich, die Lösung vor Gebrauch 30 min auf 60 °C zu erhitzen, dann zu filtrieren und erst danach die Schnitte einzustel-len. Färbeküvette abdecken! Nach der Färbung hat sich fast immer ein metallisch glänzendes Häutchen auf der Oberfläche der Färbelösung gebil-det. Zieht man die Objektträger durch dieses Häutchen aus der Färbelö-sung, so ist der Schnitt durch zahllose Niederschläge unbrauchbar. Um dies zu vermeiden, stellt man die Küvette in den Ausguß und füllt sie mit Aqua dest., bis sie überfließt. Dabei schwimmen die erwähnten Häutchen aus dem Glas ab. Durch geeignetes Neigen des Färbeglases läßt sich mit einiger Übung eine gänzlich saubere Oberfläche erzielen. Erst dann zieht man die Objektträger aus der Flüssigkeit.

Zubereitung der Bleihaematoxylin-Färbelösung [2]

Schritt A: Ansetzen der sog. „*stabilisierten Bleilösung*". 1 Teil, z. B. 50 ml, einer gesättigten wäßrigen Lösung von Am-moniumacetat wird gemischt mit 1 Teil (wieder 50 ml in diesem Beispiel) 5%iger wäßriger Lösung von Blei-nitrat. Um diese Lösung haltbar zu machen, füge 2% (in diesem Beispiel 2 ml) Formol (36–40%) zu.

Schritt B·   0,2 g Haematoxylinlösung in 1,5 ml 95% Äthanol lösen.

Färbelösung: Die Haematoxylinlösung (Schritt B) zu 10 ml der stabi-lisierten Bleilösung gießen, dann 10 ml Aqua dest. zufü-gen. Rühre mehrfach. Filtiere nach 30 min, fülle mit Aqua dest. auf 75 ml auf und verwende die Lösung bei 60 °C.

Die Färbung mit Bleihaematoxylin läßt sich mit anderen Techniken kombinieren; so kann man z. B. vor der Färbung die Schnitte fluoreszenz-mikroskopisch untersuchen (chromaffine und enterochromaffine Zellen, s. § 31) oder zuerst die argentaffinen Zellen darstellen und danach mit Blei-haematoxylin färben [3]. (Zur argentaffinen Reaktion s. § 32).

Die *Kombination von argentaffiner Reaktion und Bleihaematoxylinfär-bung* ist nur in der angegebenen Reihenfolge möglich. Färbt man zuerst mit Bleihaematoxylin, bilden sich über dem gesamten Schnitt Silberniederschläge. Es ist notwendig, die Schnitte vor der Silberreaktion zu entharzen (obwohl dies für die argentaffine Reaktion unmittelbar nicht nötig ist), da mit Bleihaematoxylin nur nach Entfernen des Harzes gefärbt werden kann und dies nach Ablauf der argentaffinen Reaktion nicht zweckmäßig ist. Insgesamt verfährt man also wie folgt:

Methode zur Kombination von argentaffiner Reaktion und Bleihaematoxylin

1 *Vorbehandlung:* Entfernen des Harzes mit Natriummethylat wie zuvor
2 Spülen in Aqua dest.
3 *Argentaffine Reaktion: Singh's* Lösung bei 60 °C   90 min
   unter Kontrolle, bis sich Chromatin zu färben beginnt
4 Aqua dest., kurz spülen
5 3% wäßriges Natriumthiosulfat, kurz spülen
6 Aqua dest., kurz spülen
7 *Bleihaematoxylinfärbung:* wie zuvor   90–120 min
8 Waschen in Aqua dest.
9 Entwässern, *Eindecken der Schnitte.*

[1] McConaill MA (1947) The staining of the central nervous system with lead-haematoxylin. J Anat (Lond) 81:371–372
[2] Solcia E, Capella C, Vassallo G (1969) Lead-haematoxylin as a stain of endocrine cells. Significance of staining and comparison with other selective methods. Histochemie 20:116–126
[3] Gorgas K, Böck P (1976) Improved methods for the light microscopic study of enterochromaffin cells. In: Fujita T (ed) Endocrine gut and pancreas. Elsevier, Amsterdam, New York, pp 1–11

§31. Catecholaminfluoreszenz

Zur Darstellung des komplexen, dreidimensionalen adrenergen Netzwerkes eignen sich Häutchenpräparate oder dicke Schnitte, nicht aber Semidünnschnitte. Anders verhält es sich beim Studium von Enterochromaffinen oder chromaffinen Zellen. Diese speichern so große Mengen von Indol- bzw. Catecholaminen, daß in dicken Schnitten die daraus gebildeten fluoreszierenden Reaktionsprodukte alle zytologischen Details überstrahlen. Die Anwendung von Semidünnschnitten zeigt erst, daß sich einzelne chromaffine Zellen beträchtlich in ihrem Catecholamingehalt unterscheiden, die biogenen Amine granulär gespeichert werden, die Region des Golgiapparates frei von Fluoreszenz ist, usw. [1]. *Araldit* wurde von Hökfelt [2] als nicht fluoreszierendes Harz für die Catecholaminhistochemie eingeführt. Die histochemische Vorbereitung des Gewebes kann entweder durch Fixierung in Formaldehyd-Glutaraldehyd-Gemischen [3] oder durch Gefriertrocknung und Formaldehydbedampfung nach der klassischen Falck'schen Methode [4, 5] erfolgen.

Methode zur Catecholaminfluoreszenz (wäßrige Aldehydlösung)

1 *Fixieren* in 2% Formaldehyd + 2,5% Glutaraldehyd in 0,1 M Natriumcacodylatpuffer, pH = 7,3 [6], durch Perfusion und Immersion wie für elektronenmikroskopische Präparate üblich, mindestens   120 min
2 Waschen in Aqua dest.   3 × 5 min
3 *Entwässern* in steigender Alkoholreihe, Propylenoxid
4 Mischung Propylenoxid : Araldit = 1 : 1   über Nacht
5 Araldit, Ausgießen und Polymerisieren bei 60 °C.

Die getrimmten Blöcke werden trocken geschnitten, die Schnitte (1 μm dick) in einen Tropfen Aqua dest. auf den Objektträger gelegt und bei mäßiger Hitze (damit die Schnitte Zeit haben, sich zu strecken) angetrocknet. Danach wird mit fluoreszenzfreiem Immersionsöl eingedeckt. Zum Mikroskopieren verwendet man die für Catecholamine übliche Filterkombination (Excitationsfilter: Schott BG 12 und Wärmeschutzfilter; Sperrfilter für 470, 500, oder 530 nm).

Bei gefriergetrocknetem Material enthüllt der Semidünnschnitt schonungslos die Gewebezerstörung durch Eiskristalle. Meist ist nur eine schmale, wenige Zellen dicke Randzone zu verwenden. Überraschend einfach ist es, das gefriergetrocknete Material einzubetten. Vacuumeinbettung oder ähnliche Umständlichkeiten sind nicht nötig.

Methode zur Catecholaminfluoreszenz (gefriergetrocknetes Material)

1 *Vorbereitung:* Gewebe entnehmen, einfrieren, gefriertrocknen, Formaldehyd-begasen wie im Labor üblich [4]
2 Die Proben aus der Begasungskammer direkt in Propylenoxid bringen   120 min
3 Mischung Propylenoxid : Araldit = 1 : 1   über Nacht
4 Araldit, Ausgießen und Polymerisieren bei 60 °C.

Nach der fluoreszenzmikroskopischen Dokumentation wird man dasselbe Gesichtsfeld mit Phasenkontrastoptik aufnehmen. Es lassen sich auch andere Färbeverfahren für endokrine Zellen anschließen, z. B. mit Bleihaematoxylin oder der Nachweis argentaffiner Zellen [1] (s. §30, 32). Der entscheidende Schritt ist das Entfernen des Immersionsöles, denn dabei rollen sich die Schnitte rasch auf und lösen sich von den Objektträgern.

Entfernen von Deckglas und Immersionsöl

1 Objektträger mit Deckglas 3 × in Xylol eintauchen und wieder herausziehen. Dabei schwimmt das Deckglas ab. Wenn nicht, so schiebt man es zur Seite ab und taucht noch einmal den Objektträger ein. Die Schnitte *nicht in Xylol stehen lassen*, sonst rollen sich die Schnittränder auf.
2 Objektträger 3 × in 100 % Äthanol eintauchen, dann
3 3 × in 96 % Äthanol eintauchen und
4 3 × in 70 % Äthanol eintauchen.
5 Einstellen in Aqua dest.
6 Objektträger auf der Heizplatte (60 °C) trocknen und 30 min bei 60 °C liegen lassen.

[1] Gorgas K, Böck P (1976) Improved methods for the light microscopic study of enterochromaffin cells. In: Fujita T (ed) Endocrine gut and pancreas. Elsevier, Amsterdam, New York, pp 1–11

[2] Hökfelt T (1965) A modification of the histochemical fluorescence method for the demonstration of catecholamines and 5-hydroxytryptamine, using araldite as embedding medium. J Histochem Cytochem 13:518–520

[3] Grillo MA, Jacobs LE, Comroe JH (1974) A combined fluorescence histochemical and electron microscopic method for studying special monoamine-containing cells (SIF cells). J Comp Neurol 153:1–14

[4] Falck B (1962) Observations on the possibilities of the cellular localization of monamines by a fluorescent method. Acta Physiol Scand [Suppl] 197:1–25

[5] Corrodi H, Jonsson G (1967) The formaldehyde-fluorescent method for the histochemical demonstration of biogenic monoamines. A review on the methodoloy. J Histochem Cytochm 15:65–78

[6] Zubereitung der Fixierlosung s. §52 Karnovsky MJ (1965) A formaldehyde-glutaraldehyde fixative of high osmolality for use in electron microscopy. J Cell Biol 27:137A

§32. Argentaffine Reaktion

Serotonin und Noradrenalin bilden mit Glutaraldehyd in Wasser unlösliche Präcipitate, Serotonin auch mit Formaldehyd. Diese Niederschläge fluoreszieren (s. §31) und reduzieren alkalische Silbernitratlösungen [1], d. h. sie sind argentaffin. In groben Zügen gilt folgendes Schema [2]:

Präcipitatbildung aus	mit	
	Formal-dehyd	Glutar-aldehyd
Serotonin (enterochromaffine Z.)	+	+
Noradrenalin (chromaffine Z.)	−	+
Dopamin, Adrenalin (chromaffine Z.)	−	−

Die alkalische Natur der Silbernitratlösung erlaubt es, Semidünnschnitte ohne Entfernen des Harzes zu behandeln. Im wesentlichen können alle klassischen Methoden zum Nachweis argentaffiner Strukturen verwendet werden (Fontana – Masson – Hamperl). Als besonders einfach und zuverlässig hat sich das von Singh angegebene Verfahren für Semidünn- und Dünnschnitte bewährt [1].

Primär argentaffine Strukturen können nach Aldehydfixierung nachgewiesen werden. Hat man – was meist der Fall sein wird – nach der Aldehydfixierung osmiertes Material vorliegen, muß man darüber hinaus mit weiteren positiv reagierenden Strukturen rechnen (Osmiuminduzierte argentaffine Reaktion; s. §33). Dabei verlieren die primär argentaffinen Zellen nicht ihre Reaktionsbereitschaft. Um das Reaktionsergebnis übersichtlicher zu gestalten, entfernt man Osmium vor der Färbung aus den Schnitten.

Für die argentaffine Reaktion eignen sich alle Harzarten. Sie kann mit den jeweils gewünschten Übersichtsfärbungen kombiniert werden, so z. B. mit alkalischem Toluidinblau bei Eponschnitten oder mit Methylenblau/ Azur II bei Aralditschnitten. Soll mit einer Färbung die das Entfernen des Harzes erfordert kombiniert werden, so ist es besser, das Harz noch *vor* der argentaffinen Reaktion zu entfernen. Die argentaffine Reaktion kann an jede Übersichtsfärbung angeschlossen werden.

Die Lösung wird in eine Färbeküvette mit Deckel gefüllt, in Aluminium-folie eingeschlagen und bei 60 °C gehalten. Die Schnitte werden unter Kon-trolle (bei Entnahme in Aqua dest. spülen) gefärbt. Die Reaktion kann öfter unterbrochen werden, sie gilt als *beendet*, wenn das Kernchromatin zart braun hervorzutreten beginnt. Die Silberlösung ist 1–2 Tage haltbar. Ein grauer, staubfeiner Niederschlag in den Ecken der Küvette stört nicht. Wurde zu stark versilbert, kann man durch *photographischen Abschwächer* (Farmer's Abschwächer) wieder entfärben: Zu der Fixierlösung aus der Dunkelkammer gibt man etwas (1 %) Kaliumhexacyanoferrat (III) (rotes Blutlaugensalz) und spült damit die Präparate unter Kontrolle.

Eine Übersicht zur Entdeckung der argentaffinen Zellen und dem davon untrennbaren Beitrag von Pierre Masson (1880–1959) gab jüngst J. Michalany [4].

[1] Gorgas K, Böck P (1976) Identification of chromaffin and enterochromaffin cells in semithin sections by means of the argentaffin reaction. Mikroskopie 32:57–63
[2] Hopwood D (1971) The histochemistry and elctron histochemistry of chromaffin tissue. Progr Histochem 3:1–66
[3] Singh I (1964) A modification of the Masson-Hamperl method for staining of argentaffin cells. Anat Anz 115:81–82
[4] Michalany J (1983) Masson's contribution to pathology and to histological technique. With special reference to the discovery of argentaffin cells. Ann Pathol 3:85–93

§33. Osmium-induzierte argentaffine Reaktion

Neben primär argentaffinen Strukturen, die in nicht osmierten oder in entosmierten Schnitten nachgewiesen werden (s. §32), kennt man solche, die nach Osmiumfixierung argentaffin reagieren: „Osmium-induzierte argentaffine Reaktion" von *Lysosomen, Glykogen, Lipiden, vor allem von Myelin.* Wurden Osmiumlösungen verwendet, die ungepuffert in Aqua dest. angesetzt, oder die in Phosphatpuffer gelöst waren, so versilbert sich auch Elastin [1]. Der Osmium-induzierten Argentaffinität kommt keine histochemische Bedeutung zu, sie führt aber zu einer hübschen Übersichtsfärbung.

Wer einige Erfahrung besitzt, kann argentaffine Strukturen auch in Schnitten von osmiertem Gewebe studieren, denn die Verteilung und die Natur der Osmium-abhängig argentaffinen Komponenten sind bekannt.

Als einfachste und zuverlässigste Methode wendet man die von Singh [2] angegebene argentaffine Technik an. Ist man nicht sicher, ob eine gegebene Struktur primär oder Osmium-abhängig argentaffin reagiert, wird ein Kontrollschnitt vor der Reaktion 10 min mit 1% Wasserstoffperoxid behandelt, um Osmium zu entfernen. Die Inkubationszeiten bei der Osmium-abhängigen argentaffinen Reaktion sind wesentlich kürzer, etwa 30 min. Auch hier wird unter Kontrolle gefärbt, bis das Kernchromatin zart zu reagieren beginnt. Während der Inkubation wird Osmium aus den Schnitten durch die chelierende Eigenschaft des Ammoniaks gelöst, sodaß die Geschwindigkeit der Versilberungsreaktion abnimmt. Dies bringt den Vorteil, daß man die Schnitte fast nie überfärbt.

Zum Nachweis der Osmium-induzierten argentaffinen Reaktion eignen sich Epon- und Aralditschnitte. Einen sehr schönen Farbeffekt erzielt man, wenn Aralditschnitte erst mit der Übersichtsfärbung nach Richardson et al. [3] behandelt und dann zum Nachweis argentaffiner Strukturen in Singh's Lösung gebracht werden. Der grün-blaue Farbton der Thiazinfarbstoffe tritt dabei hervor und kontrastiert angenehm mit den Brauntönen der Versilberung.

Zubereitung der ammoniakalischen Silbernitratlösung (Singh)

s. § 32

Neben alkalischen Silbernitratlösungen können zum Nachweis der Osmium-induzierten Argentaffinität auch alkoholische Silbernitratlösungen Verwendung finden. So kann man in ganz ähnlicher Weise Wyrick's Silberlösung zum Färben von Epon- oder Methacrylatschnitten verwenden [4].

Zubereitung der alkoholischen Silbernitratlösung (Wyrick)

5 g Silbernitrat werden in 100 ml Äthanol (95 %) geschüttelt, um eine gesättigte Lösung zu erreichen. Filtrieren. Vor der Verwendung auf 60 °C erwärmen.

Die Schnitte werden unter Kontrolle 20–60 min mit dieser Lösung behandelt; ist die Färbung intensiv genug, spült man mit Äthanol abs. ab, läßt trocknen und deckt die Schnitte ein. Das Ergebnis ist dem mit Singh's ammoniakalischer Silbernitratlösung erzielten Bild vergleichbar.

Auch bei Anwendung ammoniakalischer Silberkarbonatlösungen, wie sie von Rio Hortega eingeführt wurden, erhält man ähnliche Ergebnisse. Der Färbemechanismus dürfte ebenfalls als Osmium-abhängige argentaffine Reaktion aufzufassen sein [5].

Zubereitung der ammoniakalischen Silbernitratlösung
(Rio Hortega)

0,5 g Silbernitrat werden in 5 ml Aqua dest. gelöst und zu 20 ml einer 5%igen wäßrigen Na_2CO_3-Lösung gemischt. Dann werden Tropfen einer konzentrierten Ammoniaklösung zugesetzt (15–20 Tropfen), bis sich der Niederschlag eben löst. Mit Aqua dest. auf 45 ml auffüllen.

Alle Färbeschritte mit dieser Lösung sind wie oben beschrieben vorzunehmen.

[1] Klein W, Jurecka W, Böck P (1981) Osmium dependent argentaffin staining of lysosomes. Histochemistry 73:447–457
Klein W, Böck P (1984) Osmium dependent argentaffin staining of glycogen in semithin and thin sections. Mikroskopie (im Druck)
Klein W, Bock P (1982) Argentaffin staining of elastic material in semithin sections. Mikroskopie 39 263–271
[2] Singh I (1964) A modification of the Masson-Hamperl method for staining of argentaffin cells. Anat Anz 115:81–82
[3] Richardson KC, Jarett L, Finke EH (1960) Embedding in epoxy resins for ultrathin sectioning in electron microscopy. Stain Technol 35:313–325
Präparation der Farbelösung s §18
[4] Bennett SH, Wyrick AD, Lee SW, McNeil JH, jr (1976) Science and art in preparing tissues embedded in plastic for light microscopy, with special reference to glycol methacrylate, glass knives and simple stains Stain Technol 51:71–97
[5] Goldblatt PJ, Trump BF (1965) The application of del Rio Hortega's silver method to Epon-embedded tissue. Stain Technol 40:105–115

§34. *von Kossa's* Kalknachweis und *Goldner's* Trichromfärbung [1]

Die Herstellung von Schnitten aus unentkalkter Hartsubstanz erlaubt die Unterscheidung von mineralisierten und nicht-mineralisierten Gewebeanteilen. Zur färberischen Darstellung eignen sich vor allem die Silberreaktion nach von Kossa [2] und die Trichromfärbung nach Goldner. Natürlich bietet sich die Färbung nach Goldner ganz allgemein als Übersichtsfärbung für Schnitte von Methylmethacrylat an, bzw. können alle anderen Rezepturen für Trichromfärbungen an Stelle des Verfahrens nach Goldner verwendet werden.

Methode zur Färbung nach von Kossa

1 Schnitte mit Chromalaungelatine am Objektträger befestigen [3]
2 *Vorbehandlung:* Entfernen des Harzes
  mit 2-Methoxyäthylacetat 2×40 min
3 Durch Alkoholreihe in Aqua dest. überführen
4 *Inkubation:* 5% Silbernitrat in Aqua dest.
  bei Raumtemperatur, Im Dunkeln   30 min
5 Spülen in Aqua dest. 3×2 min
6 *Reduktion:* in Natriumcarbonat-Formaldehydlösung
  (5 g Na_2CO_3 in 75 ml Aqua dest. lösen, dazu
  25 ml Formalin, 36%)   2 min
7 Spülen in Aqua dest., öfter wechseln   10 min
8 *Differenzieren* mit Farmer's Abschwächer unter Kontrolle [4]
9 Spülen in Aqua dest.
10 Gewünschte Gegenfärbungen
11 Spülen, Entwässern und *Eindecken* der Schnitte.

Zum Befestigen der Schnitte am Objektträger eignet sich die üblich verwendete Eiweiß-Glycerin-Beschichtung weniger als die empfohlene Chromalaungelatine, da sich mit letzterer der Hintergrund weniger deutlich anfärbt. Trotz der Beschichtung der Objektträger besteht stets die Gefahr, daß die Schnitte abschwimmen.

Die Anwendung des Abschwächers wird durch Spülen in Aqua dest.
unterbrochen und kann nach mikroskopischer Kontrolle der Schnitte fortgesetzt werden.

Als Gegenfärbungen eignen sich:

A) Kernechtrot (0,1 % in 5 %iger wäßriger Aluminiumsulfatlösung)
B) Methylgrün-Pyronin (Zubereitung der Lösung nach *Romeis* §1200 [5],
   s. §55).
   Gegenfärbung mit Methylgrün-Pyronin erlaubt wegen der guten Darstellung von Ergastoplasmaarealen eine Einschätzung der Zellaktivität.
   Bei der Beurteilung von Osteozyten, Osteoblasten und Osteoblastenvor-
   läufern ist dies von großem Vorteil.
C) Giemsa-Lösung [6] (Fa. Merck, Best. Nr. 9203), meist 1 : 4 verdünnt verwendet. Mit dieser Gegenfärbung kann bei Stanzbiopsien das blutbil-
   dende Knochenmark optimal beurteilt werden (s. §19).

Die Trichromfärbung in der Modifikation nach *Goldner* erlaubt nicht
nur die Unterscheidung von calzifiziertem und nicht-calzifiziertem Stützge-
webe, sondern stellt gleichzeitig zytologische Details der relevanten Zellen
kontrastreich dar. Sie ist daher die Standardfärbung für morphometrische
Auswertungen von Knochenbiopsien bei metabolischen Osteopathien.

Methode zur Färbung nach Goldner

1 Schnitte mit Chromalaungelatine am Objektträger befestigen [3]
2 *Vorbehandlung:* Entfernen des Harzes
   mit 2-Methoxy-äthylacetat   2 × 40 min
3 Durch Alkoholreihe in Aqua dest. überführen
4 *Kernfärbung:* mit Haematoxylin nach Weigert   15–20 min
5 Spülen in Aqua dest.
6 Spülen in warmem Leitungswasser   15 min
7 Spülen in Aqua dest.
8 *Färbung:* mit Säurefuchsin-Ponceau-Lösung   5 min
9 In 1% Essigsäure 2× kurz eintauchen
10 *Differenzieren* mit 2% Orange G
    in 4% Phosphormolybdänsäure   7 min
11 In 1% Essigsäure 2× kurz eintauchen
12 *Gegenfärbung:* mit 0,15% Lichtgrün
    in 0,2% Essigsäure   10–15 min
13 In 1% Essigsäure differenzieren, unter Kontrolle   5 min
14 Direkt in 96% und 100% Äthanol entwässern
15 *Eindecken der Schnitte.*

Zubereitung von Weigert's Eisenhaematoxylin

Lösung A: 1 g Haematoxylin in 100 ml 96%Äthanol lösen
Lösung B: 1,16 g Eisen(III)chlorid mit 1 ml 25% HCL versetzen und auf 100 ml mit Aqua dest. auffüllen
Färbelösung: Lösungen A und B zu gleichen Teilen gemischt.

Die Färbelösung ist *nicht* haltbar, sie muß unmittelbar vor Gebrauch angesetzt werden.

Zubereitung von Säurefuchsin-Ponceau-Lösung

Ponceau de Xylidine	0,4 g
Säurefuchsin	0,1 g
Aqua dest.	300 ml
Eisessig	0,6 ml

Auch die *Goldner*-Färbung gibt – wie die Versilberung nach *von Kossa* – für die Photographische Dokumentation kontrastreiche Vorlagen. Bei Schwarz-Weiß-Wiedergabe lassen sich die rot gefärbten, nicht mineralisierten Osteoidsäume durch einen Grünfilter hervorheben.

[1] Kapitel von Prof. Dr. H. Plenk jr., Histologisch-Embryologisches Institut der Universität, Labor für Biomaterial- und Stützgewebeforschung, Wien

[2] Krutsay M (1963) Methode zur Darstellung einzelner Kalziumverbindungen in histologischen Schnitten. Acta Histochem 15.189–191

[3]   *Zubereitung von Chromalaungelatine*

Lösung A. 4,5 g Gelatine bei 75 °C in 1000 ml Aqua dest. lösen.
Lösung B 4% Chromalaun in Aqua dest.
Gebrauchslösung 100 ml Lösung A mit 3,85 ml Lösung B mischen. Auf 50 °C erwärmen, gereinigte Objektträger für 2 min einstellen. Flüssigkeit dann gut abschleudern, um eine homogene Beschichtung zu gewährleisten.

[4] Plenk H jr (1975) Differentiation of silver-calciumsalt staining methods using a photographic reducer. Mikroskopie 31·73–76

[5] Romeis B (1968) Mikroskopische Technik. Oldenburg, München Wien

[6] Burkhardt R (1970) Farbatlas der klinischen Histopathologie von Knochenmark und Knochen. Springer, Berlin Heidelberg New York

§35. Grimley's basische Trichromfärbung

Großflächige Schnitte (2 × 2 cm) können bei Verwendung entsprechender Mikrotome von Araldit- oder Epon-Material angefertigt werden, z. B. mit Jung-Mikrotomen mit Motorantrieb, wie sie für Hartschnitte Verwendung finden. Bei Zusatz von 10 % Dibutylphthalat zu den Standardeinbettungsgemischen wird die Konsistenz der Harze geschmeidiger und es lassen sich 1–4 μm dicke Schnitte gewinnen. Diese können mit den für Semidünnschnitte üblichen Techniken gefärbt werden bzw. lassen sich umgekehrt die für Hartmikrotomschnitte geeigneten Färbetechniken unverändert für Semidünnschnitte verwenden [1].

Um ohne Entfernen des Harzes färben zu können, empfehlen Grimley und Mitarbeiter [1] neben der Verwendung geeigneter Farbstofflösungen die vorausgehende *Oxidation mit Kaliumpermanganat*, die offenbar eine Auflockerung des Harzes und die Entfernung des Osmiums von den Schnitten bewirkt. Zu diesem Zweck ist jedoch heute die vollständige Entfernung des Harzes mit einer geeigneten, zuverlässigen Methode vorzuziehen [2] (s. §8), sofern es sich nicht um Farbstoffkombinationen handelt, die wie die im folgenden angeführte Technik bei alkalischem pH arbeiten.

Methode für basische Trichromfärbung

1	Schnitte am Objektträger antrocknen	
2	*Oxidieren* in 5 % Kaliumpermanganat in Aqua dest.	5 min
3	Spülen in Aqua dest.	
4	Bleichen in 5 % Oxalsäure	3–5 min
5	Spülen in Aqua dest.	
6	Neutralisieren in 1 % Lithiumcarbonat in Aqua dest.	2 min
7	Spülen in Aqua dest.	
8	*Färbung 1:* Azur B-Malachitgrün Färbelösung	1–2 min
9	Spülen in Aqua dest.	
10	*Färbung 2:* 2 % basisches Fuchsin in Aqua dest., bei 50 °C unter Kontrolle	1–5 min
11	Spülen in Aqua dest.	
12	Trocknen und *Eindecken der Schnitte.*	

Zubereitung der Azur B-Malachitgrün-Färbelösung

1   100 ml 30% Äthylalkohol, darin löse
2   0,4 g Azur B und
3   1,0 g Malachitgrün; füge dazu
4   1 ml Anilin und
5   1 g Phenolkristalle.

Gut durchschütteln, filtrieren. Diese Lösung ist haltbar.

Die angegebene Farbstoffkombination ist eine geringfügige Abänderung gegenüber der Originalmethode [3], bei der Toluidinblau an Stelle von Azur B verwendet wurde. Im wesentlichen sind die Resultate in beiden Fällen gleich: Kerne und Nucleolen in Blautönen, Erythrozyten grün, saurer Schleim rot, Zytoplasma rosa und Basalmembranen und Bindegewebsfasern kräftig in Rottönen gefärbt.

[1] Grimley PM, Albrecht JM, Michelitch HJ (1965) Preparation of large epoxy sections for light microscopy as an adjunct to fine-structure studies. Stain Technol 40:357–366
[2] Lane B, Europa DL (1965) Differential staining of ultrathin sections of Epon-embedded tissues for light microscopy. J Histochem Cytochem 13:579–582
[3] Grimley PM (1964) A tribasic stain for thin sections of plastic-embedded, OsO_4-fixed tissues. Stain Technol 39:229–233

§36. Argyrophile Technik zur Melanindarstellung

Melaningranula können auf Grund ihres argentaffinen Verhaltens einfach mit den bekannten Silbernitratlösungen nach Fontana-Masson-Hamperl-Singh dargestellt werden (s. §33). Diese Lösungen schwärzen aber auch andere Pigmente (Lipofuszin, Formolpigment) oder Organellen (Lysosomen, chromaffine Granula) und reagieren nicht mit Prämelanosomen, wie es für die praktische Pathologie bei der Beurteilung amelanotischer Melanome von Bedeutung ist. Die von Warkel et al. [1] modifizierte Versilberungstechnik nach Warthin-Starry, die selektiv Melanomzellen darstellt, wurde für Harzschnitte modifiziert [2]. Für das Verfahren eignen sich konventionell mit Glutaraldehyd/Osmiumtetroxid fixierte Gewebe, aber auch primär mit Osmiumtetroxid fixierte Präparate können verwendet werden, wenn berücksichtigt wird, daß dann auch Mastzellgranula und Lipofuscin positiv reagieren.

Methode zur Darstellung von Melanin

1 *Vorbereitung:* Zum *Ansetzen aller Lösungen* bereitet man 1000 ml Aqua dest. (pro injectione), das durch Zusatz von 1%iger Zitronensäure auf pH = 3,2 gebracht ist.

2 Schnitte am Objektträger antrocknen

3 *Imprägnieren* in 1% Silbernitrat (Lösungsmittel 1) bei 43 °C .... 30 min

4 *Entwickeln* in frisch bereitetem Entwickler bei 54 °C .... 90 s

5 Waschen in heißem Leitungswasser (60 °C), wenn möglich fließend

6 Spülen in Aqua dest.

7 Gegenfärbung mit einer beliebigen Schnellfärbung

8 *Eindecken der Schnitte.*

Zubereitung des Entwicklers

1   Löse 2 g Silbernitrat in 100 ml angesäuertem Wasser (Lösungsmittel Punkt 1 der Methode); Im Wasserbad bei 54 °C halten.
2   Löse 10 g Gelatine in 200 ml angesäuertem Wasser (Lösungsmittel Punkt 1 der Methode); Im Wasserbad bei 54 °C halten.
3   Löse 0,15 g Hydrochinon in 100 ml angesäuertem Wasser (Lösungsmittel Punkt 1 der Methode); Im Wasserbad bei 54 °C halten.
4   Wenn alle Lösungen angewärmt sind, mische unmittelbar vor Gebrauch in der gegebenen Reihenfolge

2 % Silbernitratlösung	1,5 ml
5 % Gelatinelösung	3,75 ml
0,15 % Hydrochinonlösung	2,0 ml

Diese Versilberungstechnik eignet sich für Semidünn- und Dünnschnitte, Dünnschnitte werden mit Nickelnetzchen aufgefangen. In der Originalarbeit wurde Eponeinbettung verwendet [2].

[1] Warkel RL, Luna LG, Helwig EB (1980) A modified Warthin-Starry procedure at low pH for melanin. Am J Clin Pathol 73:812–815
[2] van Duinen SG, Ruiter RJ, Scheffer E (1983) A staining procedure for melanin in semithin and ultrathin epoxy sections. Histopathology 7:35–48

§37. Färbung von Amyloid mit Kongorot

Die spezifische Bindung von Kongorot an Amyloid [1] eignet sich wegen des alkalischen pH der Färbelösung ausgezeichnet, um auch an Harzschnitten durchgeführt zu werden. Die Färbung wird dabei durch Fixierung des Gewebes in Osmiumtetroxid oder durch Glutaraldehyd/Osmiumtetroxidfixierung nicht beeinflußt [2]. Die bisweilen auftretende zarte Anfärbung des Hintergrundes stört kaum, da Amyloidablagerungen stets deutlich stärker rot gefärbt hervortreten. Darüber hinaus leuchtet im *Polarisationsmikroskop* nur mit Kongorot gefärbtes Amyloid grün auf.

Methode zur Färbung mit Kongorot

1 *Zubereitung der Färbelösung:* Zu 5 ml einer 0,5–1%igen, wäßrigen Lösung von Kongorot (Stammlösung) füge 0,5 ml 1 N NaOH (pH der Färbelösung = 12–13)
2 Färbelösung als Tropfen auf Dentalwachsplatte bringen
3 Semidünnschnitte mit der Öse oder mit Glasstab auf diese Tropfen aufbringen
4 Mit Uhrglasschälchen oder Petrischale feuchte Kammer arrangieren
5 Färbezeit: bei 45 °C   60–120 min
6 Waschen in mehreren Tropfen Aqua dest.
7 Schnitte am Objektträger antrocknen
8 Mit einer beliebigen Schnellfärbung gegenfärben
9 *Eindecken der Schnitte.*

Als Gegenfärbung benützten Shirahama und Cohen [2] das Gemisch Methylenblau-Azur II (s. §18), das sie 1:200 verdünnten (Endkonzentrationen: 0,005% Methylenblau und 0,005% Azur II in 1% Boraxlösung).

[1] Puchtler H, Sweat F, Levine M (1962) On the binding of Congo red by amyloid. J Histochem Cytochem 10:355–364
[2] Shirahama T, Cohen AS (1966) A Congo red staining method for epoxy-embedded amyloid. J Histochem Cytochem 14:725–729

§38. Perjodsäure-Schiff (PAS) Reaktion

Die klassische PAS-Reaktion [1, 2] zum Nachweis von Aldehydgruppen, die sich durch Oxidation mit Perjodsäure entwickeln lassen, kann direkt auf Semidünnschnitte übertragen werden. Es ist jedoch nötig, das Harz vor der Färbung zu entfernen oder aufzulockern. Dies geschieht am besten bei Eponeinbettung durch Natriummethylat, bei Aralditeinbettung durch Natronlauge-Alkohol (s. §8). Bei Eponschnitten soll auch Immersion in Xylol für 1 h das Harz ausreichend auflockern [3].

Durch Oxidation mit Perjodsäure entstehen Aldehydgruppen unter Spaltung der $-C-C-$ Bindungen aus folgenden Gruppen:

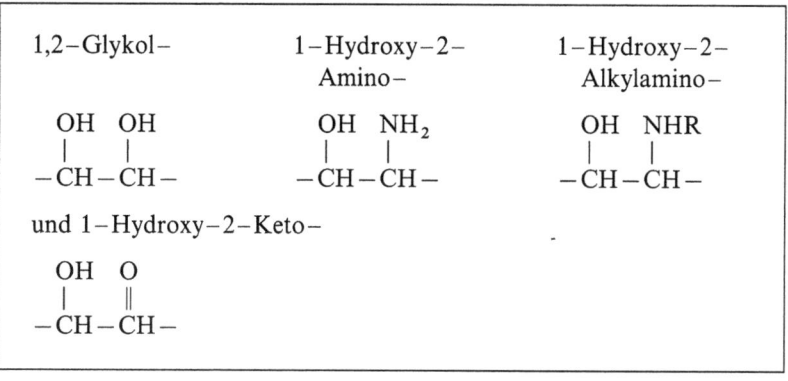

Dabei wird in der Praxis nur der Nachweis von 1,2-Glycolgruppen (vicinale Glycole) beachtet. Die Reaktion dient zur Anfärbung von Glykogen, Basalmembranen und Glykoproteinsekreten.

Als äquivalente Methode steht der Nachweis der Aldehydgruppen mit Silbermethenaminlösungen (oder ähnlichen Reagentien) zur Verfügung (s. §42). Die hier beschriebene PAS-Färbung ist zwar nicht so kontrastreich wie die Silbermethoden, doch bietet sie andere Vorteile:

A Hübsche Farbe, eventuell mit Gegenfärbung, für Farbdokumentation;
B Keine unspezifische Anfärbung argentaffiner Strukturen;
C Kontinuierliche, langsame Entwicklung der Farbreaktion, die bequem beobachtet werden kann;

D Annähernde Proportionalität von Farbintensität und Menge der Aldehydgruppen (das heißt z. B. Menge des Glykogens). Diese Möglichkeit
einer quantitativen Abschätzung kann genützt werden [3], wenn man ihre
Grenzen berücksichtigt [4]. In der Praxis wird nur der Glykogengehalt
von Zellen geschätzt werden.

Methode zur PAS-Reaktion

1 *Vorbehandlung:* Entfernen des Harzes durch
                    A Natriummethylat bei Eponschnitten,
                    7–10 min (s. §8)
                    B Xylol, 1 h bei Eponschnitten
                    C Natronlauge-Alkohol bei Aralditschnitten
                    45–60 min (s. §8)
2 Überführen in Wasser durch sinkende Alkoholreihen
3 *Reaktion:*   Oxidieren in 1% wäßriger Perjodsäure
                                                    15–20 min
4   Waschen in Aqua dest. oder Leitungswasser
                                                    5 min
5   Schiff'sches Reagens [5]   15 min
6   Kurzes Spülen in Natriumbisulfitlösung (kann
                     auch unterbleiben) [6]
7   Waschen in fließendem Leitungswasser   15 min
8 *Eindecken der Schnitte.*

Die volle Farbintensität entwickelt sich erst während des Wässerns nach
Anwendung des Schiff'schen Reagens (Punkt 7); dieser Schritt ist daher nie
zu kürzen, eher auszudehnen.

Zur kontrastreichen Dokumentation zarter, rot gefärbter Strukturen
verwendet man orthochromatisches (für Rot unempfindliches) Filmmate-
rial.

Zubereitung des Bisulfitbades

Na-bisulfit	2,5 g
n-HCl	5 ml
Aqua dest.	495 ml

Für die PAS-Reaktion eignen sich Schnitte von unosmiertem wie von osmiertem Material, da durch die Oxidation mit Perjodsäure Osmium aus den Schnitten entfernt wird.

[1] Hotchkiss RD (1948) A microchemical reaction resulting in the staining of polysaccharide structure in fixed tissue preparation. Arch Biochem 16:131–141
[2] McManus JFA (1948) Histological and histochemical uses of periodic acid Stain Technol 23:99–108
[3] Cardell RR, Larner J, Babcock MB (1973) Correlation between structure and glycogen content of livers from rats on a controlled feeding schedule Anat Rec 177:23–38
[4] Dahlquist A, Olsson J, Nordén A (1965) The periodate-Schiff reaction: specifity, kinetics, and reaction products with pure substrates. J Histochem Cytochem 13·423–430
[5] Präparation des Schiff'schen Reagens s. § 54
Graumann W (1953) Zur Standardisierung des Schiff'schen Reagens. Z Wissensch Mikrosk 61:225–226
[6] Pearse AGE (1968) Histochemistry. Theoretical and applied, vol I. 3rd edn. Churchill, London (1968)

§39. PAS-Färbung intensiviert, mit Kernfärbung

Die PAS-Reaktion büßt, wenn sie für Semidünnschnitte angewendet wird, ihren Charakter als spezifische histochemische Reaktion ein. Durch die Vorbehandlung der Schnitte zur Entfernung des Harzes kommt es zur zarten Anfärbung des Hintergrundes, z. B. nach Anwendung von Natriummethylat auch oft zur Anfärbung der Kerne [1]. Wenn man daher die Prozedur nicht als histochemische Reaktion, sondern als Färbemethode auffaßt, so kann man sie mit weiteren Färbungen, die das Reaktionsprodukt intensivieren und zugleich auch den Hintergrund darstellen, kombinieren. Solch ein Effekt ist mit Aldehydfuchsin zu erzielen [1].

Methode zur Intensivierung der PAS-Färbung

1	*Vorbehandlung:* Entfernen des Harzes durch
	A Natriummethylat bei Eponschnitten,
	7–10 min (s. §8)
	B Natronlauge-Alkohol bei Aralditschnitten
	45–60 min (s. §8)
2	Überführen in Wasser durch sinkende Alkoholreihen
3	*PAS-Reaktion:* Oxidieren in 1% wäßriger Perjodsäure
	15–20 min
4	Waschen in Aqua dest. oder Leitungswasser
	5 min
5	Schiff'sches Reagens [5] 15 min
6	Waschen in fließendem Leitungswasser 15 min
7	Über 30% und 50% Alkohol in 70% Alkohol bringen
8	Aldehydfuchsin-Färbelösung [2] bei Raumtemperatur
	10–15 min
9	Waschen in 70% Alkohol
10	*Eindecken der Schnitte.*

Durch dieses Vorgehen wird der Farbton der PAS-Reaktion vertieft. Der Mechanismus der Färbemethode ist allerdings nicht klar. Mit gutem Erfolg wurde sie für Nierenbiopsien angewendet.

Zur Gegenfärbung der Zellkerne nach der PAS-Reaktion verwendet man Haematoxylinlösungen oder stark verdünnte (1:200) Lösungen von Thiazinfarbstoffen, wie sie zur Schnellfärbung bereitstehen.

Methode zur PAS-Färbung mit Gegenfärbung

1	*Vorbehandlung*	wie zuvor
2	*PAS-Reaktion* mit oder ohne Aldehydfuchsin	wie zuvor
3	Überführen in Aqua dest.	
4	*Kernfärbung* mit	
4 A	Mayer's Haemalaun (Fa. Merck, Best. Nr. 9249)	
		20 min oder länger
	Spülen in Aqua dest.	
	Bläuen in Leitungswasser	15 min
4 B	Lösung in 1% Azur II in 1% Borax,	
	mit Wasser 1:200 verdünnt	unter Kontrolle
	Spülen in Aqua dest.	
5	*Eindecken der Schnitte.*	

Bei der Gegenfärbung mit Haematoxylin kann praktisch nicht überfärbt werden. Eine Entfärbung mit Salzsäure-Alkohol ist jederzeit möglich. Da alle zur Schnellfärbung verwendeten Lösungen stark alkalisch sind, würden sie unverdünnt viel zu rasch und zu intensiv wirken, die Färbung wäre in Sekunden beendet und könnte nicht gesteuert werden. Neben dem Verdünnen der Färbelösung kann auch durch Zusatz von Säure (tropfenweise Essigsäure) die Färbekraft reduziert werden. Der pH soll dabei aber nicht unter pH = 6 sinken.

[1] Böck P, Osterkamp U (1978) Improved staining methods for PAS-positive material and renin granules in semi-thin sections of Araldit-embedded tissue Mikroskopie 34.330–335
[2] Präparation der Aldehydfuchsin-Färbelösung s. §55

§40. Reningranula: Basisches Fuchsin-Kristallviolett und PAS-Eisenbindungsreaktion

Die Kombination von basischem Fuchsin und Kristallviolett wurde zur kontrastreichen Darstellung der Reningranula des juxtaglomerulären Apparates angegeben [1]. In Epon- oder Aralditschnitten von osmiertem Material färben sich Reningranula mit Kristallviolett kräftig blau und kontrastieren so gut gegen die rot gefärbten Mitochondrien.

Methode für Reningranula: Basisches Fuchsin-Kristallviolett

1 Schnitte unter 1 µm Dicke werden auf Objektträgern in einem Tropfen von 10% Aceton in Aqua dest. gebracht und in der Wärme gestreckt
2 Antrocknen der Schnitte und Erhitzen bis 93 °C
3 Xylol, 100% Äthanol, 95% Äthanol, 80% Äthanol   je 15 s
4 Spülen in Aqua dest.
5 *Färbung 1:* Basisches Fuchsin   20–30 s
6 Spülen in Leitungswasser, bis keine Farbe mehr abgeht
7 *Färbung 2:* Kristallviolett   20–30 s
8 Spülen in Leitungswasser, bis keine Farbe mehr abgeht
9 Spülen in Aqua dest.
10 Trocknen, *Eindecken der Schnitte.*

Zubereitung der Fuchsinlösung		*Zubereitung der Kristallviolettlösung*	
30% Äthylalkohol	100 ml	100% Äthanol	10 ml
Basisches Fuchsin	1 g	Kristallviolett	5 g
Anilin	1 ml	Anilin	2 ml
Phenol	1 g	Aqua dest.	88 ml

Eine andere Möglichkeit, Reningranula in Aralditschnitten kontrast-reich darzustellen, ist die Kombination von PAS-Reaktion und Eisenbin-dungsreaktion [2]. Basalmembranen sind dabei durch das *Schiff*'sche Reagens rot gefärbt, Reningranula erscheinen tief violett.

Methode für Reningranula: PAS-Eisenbindungsreaktion
1 *Durchführen der PAS-Reaktion* wie in §38 beschrieben
   Entfernen des Harzes in Natronlauge-Alkohol   45–60 min
   100%, 96%, 80%, und 70% Äthanol, jeweils für   2–3 min
   Oxidieren in 1% wäßriger Perjodsäure, Raumtemp.   15 min
   Spülen in Aqua dest.
   Schiff'sches Reagens [3]   15 min
   Kurz spülen in 0,5% Natriumbisulfit in 0,01 n HCl
   Wässern in fließendem Leitungswasser   15 min
2 Spülen in 1% Essigsäure
3 Frisch bereitete kolloidale Eisenlösung, bei Raumtemp. 30 min
4 Spülen in 1% Essigsäure
5 Spülen in Aqua dest.
6 Berlinerblaureaktion: Frisch gemischtes Reagens aus gleichen
   Teilen 2% HCl und 2% wäßrige Kaliumferrocyanidlösung
   bei Raumtemp.   20 min
7 Spülen in Aqua dest.
8 Gegenfärben mit 0,5% Kernechtrot Aluminiumsulfat
   in Aqua dest.   5 min
9 Spülen in Aqua dest.
10 *Eindecken der Schnitte.*

Zubereitung der Lösungen für die Eisenbindungsreaktion [4]

Stammlösung: Füge 12 ml einer 32%igen wäßrigen Lösung von Ei-sen(III)chlorid (.6 H_2O) zu 750 ml kochendem Aqua dest.; Abkühlen lassen und im Eisschrank aufbewahren.
Gebrauchslösung: Mische 30 ml Stammlösung mit 20 ml Eisessig.

Der Mechanismus der so erzielten violetten Anfärbung von Reningranu-la ist nicht geklärt. Gleiches Färbeverhalten zeigen die Lysosomen z. B. der Hauptstückepithelien. Die rote Anfärbung der Basalmembranen wird durch die Eisenbindungsreaktion nicht beeinflußt. Dies ist bemerkenswert, da auch die Reningranula der epitheloid modifizierten glatten Muskelzellen mäßig PAS-positiv reagieren.

[1] Lee JC, Hopper J jr (1965) Basic fuchsin-crystal violet· a rapid staining sequence for juxtaglomerular granular cells embedded in epoxy resin. Stain Technol 40:37–39
[2] Böck P, Osterkamp U (1978) Improved staining methods for PAS-positive material and renin granules in semithin sections of Araldit-embedded tissue. Mikroskopie 34:330–335
[3] Zubereitung des Schiff'schen Reagens s. § 54
[4] Graumann W, Clauss W (1958) Weitere Untersuchungen zur Spezifität der histochemischen Polysaccharid-Eisenreaktion. Acta Histochem 6:1–7

§41. Eisennachweis (Berlinerblaureaktion) und Eisenbindungsreaktion

Mit geringer Modifikation kann die klassische Berlinerblaureaktion zum Nachweis von dreiwertigem Eisen in Semidünnschnitten von Epoxiharzen angewendet werden. Die übliche Kombinationsfixierung mit Glutaraldehyd/Osmiumtetroxid stört dabei nicht [1].

Methode zum Eisennachweis

1 Schnitte am Objektträger antrocknen (1,5 µm–2 µm Dicke)
2 Einstellen in 10% HCl   5 min
3 Frisch gemischtes Reagens aus gleichen Teilen einer 10%igen Salzsäure und einer 10%igen wäßrigen Lösung von Kaliumferrocyanid (Kaliumhexacyanoferrat (II)), bei 60 °C   60 min
4 Spülen in Aqua dest.
5 Gegenfärben in 0,1% basischem Fuchsin in Aqua dest., bei 60 °C   10–20 s
6 Spülen in Leitungswasser, Aqua dest.,
7 Trocknen und *Eindecken der Schnitte.*

Das Reagens wird nicht im Wärmeschrank vorgewärmt, sondern erst nach dem Einstellen der Schnitte in die 60°-Umgebung gebracht. Das angegebene Rezept ist eine geringfügige Modifikation der Methode von Tanaka und Berschauer [2].

Auch die *Hale'sche Eisenbindungsreaktion* ist mit geringen Veränderungen für Methacrylat-Araldit- und Eponschnitte anwendbar. Methacrylat wird 1–2 Stunden mit Xylol oder Benzol aufgelockert [3], Epoxiharze werden mit Natronlauge-Alkohol entfernt. Es ist nicht nötig, Osmium von den Schnitten zu entfernen. Bei der kolloidalen Eisenlösung wird Essigsäure durch Salpetersäure ersetzt [3].

Methode zur Eisenbindungsreaktion

1 Schnitte am Objektträger antrocknen
2 *Vorbehandlung:* Harz auflockern oder entfernen mit Natronlauge-
   alkohol (siehe oben und §8)
3 Sinkende Alkoholreihe, Aqua dest.
4 Frisch bereitete kolloidale Eisenlösung, bei Raumtemp. 60 min
5 Spülen in fließendem Leitungswasser   5 min
6 *Berlinerblaureaktion:* Frisch gemischtes Reagens aus gleichen
   Teilen 2% HCl und 2% Kaliumferrocyanidlösung,
   bei Raumtemp.   20 min
7 Spülen in fließendem Leitungswasser   5 min
8 *Gegenfärbung,* z. B. mit 0,1% basischem Fuchsin in Aqua dest. auf
   der Heizplatte   10–20 s
9 Spülen, Entwässern, *Einbetten der Schnitte.*

Zubereitung der modifizierten kolloidalen Eisenlösung [3]

Stammlösung [4]: Füge 12 ml einer 32%igen wäßrigen Lösung von
   Eisen(III)Chlorid .6 H_2O zu 750 ml kochendem
   Aqua dest.; Abkühlen lassen und im Eisschrank
   aufbewahren.
Gebrauchslösung: Mische 22 ml Stammlösung mit 17 ml Aqua dest.
   und 1 ml Salpetersäure.

[1] Pool ChR, Lipsky MM (1979) A simple ferrocyanide method for semithin sections of Epon-embedded tissue. Stain Technol 54:226–227
[2] Tanaka Y, Berschauer JA (1969) Application of the Perl's method for iron stain-ing to sections embedded in epoxy resin. Stain Technol 44:255–256
[3] Munger BL (1961) The ultrastructure and histophysiology of human eccrine sweat glands. J Biophys Biochem Cytol 11.385–402
[4] Graumann W, Clauss W (1958) Weitere Untersuchungen zur Spezifität der histo-chemischen Polysaccharid-Eisenreaktion. Acta Histochem 6:1–7

§42. Perjodsäure-Silbermethenamin-Reaktion

Aldehydgruppen, die durch Oxidation mit Perjodsäure gebildet wurden, reduzieren alkalische Methenamin-Silbernitratlösungen (Synonyme: Methenamin, Hexamin, Hexamethylentetramin). Die dabei gebildeten schwarzen Silberniederschläge sind natürlich kontrastreicher als das rote Produkt der PAS-Reaktion, so daß auch die feinsten positiven Strukturen – in der Praxis interessieren vor allem Basalmembranen – deutlich hervortreten.

Silbermethenaminlösungen wurden von Gomori [1] eingeführt. Die Methode kann auch für das Elektronenmikroskop verwendet werden [2], doch hat sie zu diesem Zweck zahlreiche Modifikationen erfahren, die darauf abzielen, feinkörnigere Präzipitate zu erhalten [3]. Für die Lichtmikroskopie ist die klassische Methenamin-Silbernitratlösung voll ausreichend. Meist folgt man der Rezeptur nach Movat [4].

Methode zur Perjodsäure-Silbermethenamin-Reaktion

1	*Vorbehandlung:*	Entfernen von Osmium und Lockern des Harzes	
		A 1% Wasserstoffperoxid	15–60 min
		B Natriummethylat bei Eponschnitten	
		7–10 min (s. §8)	
		C Natronlauge-Alkohol bei Araldit- oder Eponschnitten 45–60 min (s. §8)	
2	Überführen in Wasser (wenn nötig durch sinkende Alkoholkonzentrationen)		
3	*Reaktion:*	Oxidieren in 1% wäßriger Perjodsäure	15–20 min
4		Aqua dest. gut spülen	3 × 5 min
5		Silberlösung bei 50–60 °C	30–60 min
6		Aqua dest. spülen	
7		3% wäßriges Natriumthiosulfat, kurz spülen	
8		Aqua dest. spülen	
9	*Eindecken der Schnitte.*		

Silbermethenaminlösungen werden jedoch nicht nur von Aldehydgruppen reduziert, so daß das Verfahren als Analogon zur PAS-Reaktion als unspezifischer einzuschätzen ist. Argentaffine Zellen (enterochromaffine Zellen, chromaffine Zellen) sind genauso dargestellt wie Melanin- oder Lipofuscingranula und Proteine, die reich an Sulfhydrylgruppen sind. Dazu kommt noch die Osmium-induzierte Argentaffinität durch niedere Osmiumoxide, die nach der Fixierung im Gewebe gebunden sind [5], z. B. in Markscheiden und Lysosomen. Damit wird es wesentlich sein, vor der Reaktion Osmium aus den Schnitten zu entfernen. Dazu dient die *Vorbehandlung mit 1% Wasserstoffperoxid (Punkt 1)*, wobei dieser Schritt ausgedehnt wird, um dadurch eine Auflockerung des Harzes zu erzielen. Tatsächlich kann man nach einstündiger Behandlung mit H_2O_2 die Reaktion erfolgreich durchführen, ohne weitere Schritte zur Aufbereitung des Harzes vorzunehmen. Der Reaktionsausfall ist jedoch nicht zuverlässig und die Inkubationszeiten müssen oft ausgedehnt werden, um doch noch zu befriedigenden Resultaten zu kommen. Es wird auch angegeben, daß allein die Behandlung mit Perjodsäure zum Herauslösen des Osmiums ausreicht. Dazu ist zu bedenken, daß saure Reagenzien nur schwer in das intakte Harz eindringen, die Entfernung des Osmiums daher oft nicht quantitativ erfolgt. Die *zuverlässigsten Resultate* erhält man, *wenn zuerst das Harz angeätzt wird* (Natriummethylatmethode oder Natronlauge-Alkohol), denn in den so aufbereiteten Schnitten genügt die Oxidation mit Perjodsäure um alles Osmium zu entfernen.

Zur Abklärung, welche Strukturen primär argentaffin reagieren, entfernt man Osmium mit 1% Wasserstoffperoxid (10 min) und inkubiert dann gleich in der Silbermethenaminlösung. Zur Darstellung der Osmium-induzierten Argentaffinität werden im Vergleich dazu Schnitte ohne Vorbehandlung mit der Silberlösung imprägniert.

Unterschiedliche Rezepturen für die Perjodsäure-Silbermethenamin-Reaktion betreffen im Wesentlichen die *Zubereitung der Silbermethenaminlösung:*

Silbermethenaminlösung nach Movat [4]

3% Hexamethylentetramin in Aqua dest.	40 ml
5% Silbernitrat in Aqua dest.	5 ml
	mischen, bis das zuerst gebildete weiße Präcipitat sich wieder löst
2% Borax in Aqua dest.	5 ml dazumischen, gebrauchsfertig

Silbermethenaminlösung nach Gomori [1], *mod. Jones* [6]

Stammlösung:

3% Hexamethylentetramin in Aqua dest.	100 ml
5% Silbernitrat in Aqua dest.	5 ml
	mischen, bis das zuerst gebildete weiße Präcipitat sich wieder löst. Diese Stammlösung kann bei 4 °C in dunkler Flasche 1–2 Monate aufbewahrt werden
Arbeitslösung:	

5% Borax in Aqua dest.	2 ml
Aqua dest. dazumischen	25 ml
Stammlösung wie oben	25 ml dazumischen, gebrauchsfertig

Silbermethenaminlösungen nach Rambourg [2]

3% Hexamethylentetramin in Aqua dest.	36 ml
5% Silbernitrat in Aqua dest.	4 ml
	mischen, bis das zuerst gebildete weiße Präcipitat sich wieder löst
2% Borax in Aqua dest.	4 ml dazumischen, gebrauchsfertig

Vergleicht man diese Silbernitratlösungen miteinander, so erkennt man folgende Gemeinsamkeiten:

A) Silbernitratlösungen werden mit einem Komplexbildner versetzt (Hexamethylentetramin) der verhindert, daß Silberionen bei alkalischem pH ausfallen, und

B) Borax wird zugesetzt um den pH der Lösung alkalisch zu machen.

Die Konzentrationen der Reagenzien schwanken dabei nur in geringen Breiten. Die Lösung wird einen pH zwischen 9,0 und 9,2 aufweisen, entsprechend dem alkalischen Ende des Wirkungsbereiches z. B. eines Borat-HCl Puffers. Der aktuelle pH der Lösung wird von der Qualität der Reagenzien, der Wägegenauigkeit und dem pH des verwendeten destillierten Wassers abhängen. Damit schwankt auch das Färbeergebnis.

Andere Faktoren, die die Reaktion entscheidend beeinflussen, sind die *Temperatur der Silberlösung und die Inkubationszeit.* Temperaturangaben sind überhaupt sinnlos, wenn man die Färbeküvette mit den Lösungen in Raumtemperatur (oder z. T. mit einer Stammlösung aus dem Kühlschrank) versieht, die Schnitte einstellt, und das Ganze in den Thermostat bringt.

Die Silberlösung muß mindestens 30 min vor Beginn der Reaktion im Thermostat stabilisiert werden. Dabei wird das Gefäß mit Aluminiumfolie lichtdicht verpackt. Während der Färbezeit kann man den Verlauf der Reaktion kontrollieren, indem man einen Schnitt entnimmt, in destilliertem Wasser spült, prüft, und dann wieder einstellt. Auf diese Weise nähert man sich der optimalen Inkubationszeit, die subjektiv entschieden wird. Die Versilberung ist keine Endpunktreaktion. Mit steigender Inkubationszeit werden nicht nur die Perjodat-positiven Strukturen intensiver dargestellt, sondern auch der Hintergrund färbt sich erst ocker, dann braun, schließlich kommt es zur Inkrustierung des gesamten Schnittes. Hat man ein wichtiges Präparat zu stark versilbert, kann man es mit *photographischem Abschwächer* behandeln: Man gibt zu Fixierlösung aus der Dunkelkammer etwas (1 %) Kaliumhexacyanoferrat (III) (rotes Blutlaugensalz) und behandelt die Präparate damit unter Kontrolle.

Eine wesentliche Voraussetzung für gutes Gelingen von Silberreaktionen ist absolute Sauberkeit der Glasgefäße, vor allem auch der Objektträger. Gefäße sollen mit Chromschwefelsäure gereinigt werden und über Nacht in Leitungswasser, schließlich in destilliertem Wasser gespült sein. Objektträger werden mit Äther-Alkohol und einem Leinentuch abgerieben.

[1] Gomori G (1946) A new histochemical test for glycogen and mucin Am J Clin Pathol 16:177–179

[2] Rambourg A (1967) An improved silver methenamine technique for detection of periodic acid-reactive complex carbohydrates with the electron microscope. J Histochem Cytochem 15:409–412

[3] Thiéry JP, Rambourg A (1974) Cytochimie des polysaccharides. J Microsc 21.225–232

[4] Movat HZ (1961) Silver impregnation methods for electron microscopy Am J Clin Pathol 35:528–537

[5] Klein W, Jurecka W, Böck P (1981) Osmium dependent argentaffin staining of lysosomes. Histochemistry 73:447–457

[6] Jones DB (1957) Nephrotic glomerulonephritis. Am J Pathol 33:313–329

§43. Alcianblau und Alcianblau-PAS

Alcianblau 8GX wird den verwandten Farbstoffen Alciangelb oder Alciangrün (einer Mischung aus Alcianblau und Alciangelb) wegen des besseren Farbkontrastes vorgezogen. Alcianblau färbt in saurer Lösung Carboxyl- und Sulfatreste, nicht aber Nucleinsäuren. Damit bietet es sich für *Mucinfärbungen* [1] an. Die Dissoziation der Carboxylgruppen kann durch Senken des pH oder durch Zusatz hoher Salzkonzentrationen unterdrückt werden. [2], so daß nur noch Sulfatgruppen den Farbstoff binden.

Bei pH = 2,5 und höher färben sich Carboxyl- und Sulfatgruppen, während bei pH = 0,2 nur die stark dissoziierenden Sulfatgruppen anfärbbar sind. Setzt man einer Alcianblaulösung bei pH = 2,5 Magnesiumchlorid bis zu einer Endkonzentration von 0,06 M zu, färben sich auch noch Carboxylgruppen. Wird die Konzentration von Magnesiumchlorid aber über 0,3 M erhöht, können nur noch Sulfatgruppen dissoziieren und damit gefärbt werden: kritische Elektrolytkonzentrationsmethode zur Unterscheidung von Carboxyl- und Sulfatgruppen [2].

Für Semidünnschnitte wurde die Alcianblaufärbung jedoch nur zur allgemeinen Darstellung saurer komplexer Carbohydrate verwendet.

Methode zur Färbung mit Alcianblau

1 *Vorbehandlung:* Auflockern des Harzes mit Natronlauge-Alkohol bei Araldit- und Eponschnitten 45–60 min
2 Überführen in 3% Essigsäure durch sinkende Alkoholkonzentrationen
3 *Färbung:* 1% Alcianblau 8GX in 3% Essigsäure, mindestens 30 min
4 Spülen in 3% Essigsäure
5 Spülen in Aqua dest.
6 *Eindecken der Schnitte.*

Es ist zu empfehlen, bei Schnitten von osmiertem Material Osmium zu entfernen (vor Schritt 2, 10 min in 5% Wasserstoffperoxid einstellen). Wurde zum Nachfixieren eine Mischung Chromat/Osmiumtetroxid verwendet, so kann nicht mit Alcianblau gefärbt werden: der Farbstoff fällt mit Chromsalzen aus!

Eine Aufbereitung der Schnitte mit Natriummethylat ist nicht zu empfehlen, da Carboxyl- und Sulfatgruppen zum Teil methyliert werden. Die Färbung kann als Endpunktfärbung angesehen werden; auf die Färbezeit muß daher nicht geachtet werden. Erwärmen der Färbelösung (bis 60 °C) kürzt das Verfahren.

Die Alcianblaufärbung kann mit der PAS-Reaktion kombiniert werden [3]. Komplexe Carbohydrate werden dabei blau, rot, oder in allen dazwischen liegenden Mischfarben (purpur, violett) dargestellt, je nachdem, ob kationische Gruppen (blau) oder vicinale Glycolgruppen (rot) überwiegen.

Methode zur kombinierten PAS-Alcianblaufärbung

1	*Vorbehandlung:*	Auflockern des Harzes bei Araldit- und Eponschnitten mit Natronlauge-Alkohol	45–60 min
2		Überführen in 3% Essigsäure durch sinkende Alkoholkonzentrationen	
3	*Färbung 1:*	1% Alcianblau 8GX in 3% Essigsäure, mindestens	30 min
4	Spülen	in 3% Essigsäure	
5	*Färbung 2:*	Oxidieren in 1% Perjodsäure in Aqua dest.	15–20 min
6		Waschen in Aqua dest.	
7		Schiff'sches Reagens [4]	15 min
8	Waschen in fließendem Leitungswasser		15 min
9	*Eindecken der Schnitte.*		

Durch diese Färbungen werden alle Mucine im selben Schnitt dargestellt [5]; Neutrale Schleimsubstanzen färben sich rot, saure Schleimsubstanzen in Mischtönen; PAS-negative saure Grundsubstanz (Glycosaminoglycane) ist blau.

[1] Lison L (1960) Histochimie et cytochimie animales. 3. edn. Gauthier-Villars, Paris p 418 ff
[2] Scott JE, Dorling J (1965) Differential staining of acid glycosaminoglycans (mucopolysaccharides) by alcian blue in salt solutions. Histochemie 5:221–233
[3] Hoff HF, Rayburn C (1974) A modified Alcian Blue-periodic acid Schiff staining for epoxy-embedded atherosclerotic arteries. Stain Technol 49:241–243
[4] Präparation des Schiff'schen Reagens s. § 54
[5] Mowry RW (1963) The special value of methods that colour both acidic and vicinal hydroxyl groups in the histochemical study of mucins. With revised directions for the colloidal iron stain, the use of Alcian Blue 8GX and their combinations with the periodic acid Schiff reaction. Ann NY Acad Sci 106:402–423

§44. Peroxidasenachweis

Meerrettichperoxidase (horseradish peroxidase, HRP) wird wegen ihrer Stabilität und einfachen Nachweisbarkeit bevorzugt als Markierungsenzym verwendet. Gekoppelt an Lektine oder Immunglobuline wird Peroxidase als Marker bei histochemischen Färbungen an Semidünnschnitten häufig verwendet. Die inzwischen schon klassisch gewordene Methode von Graham und Karnovsky [1] verwendet dabei Diaminobenzidin (DAB) als Substrat.

Methode zum Peroxidasenachweis mit DAB

1 Nach der Vorbehandlung Schnitte in Aqua dest. spülen
2 *Inkubation:* 35 mg 3,3'-Diaminobenzidin (DAB) in 70 ml Tris/HCl Puffer [2] lösen, pH = 7,6; Füge dazu 0,7 ml 1% Wasserstoffperoxid (frisch aus 30% H_2O_2 zubereiten). Schnitte bei Raumtemperatur oder bei 37 °C inkubieren.
3 Spülen in Aqua dest.
4 *Eindecken der Schnitte.*

Die Inkubationszeit wird durch Kontrolle abgestimmt. Die Schnitte können jederzeit aus der Inkubation genommen, in Aqua dest. gespült und betrachtet werden, um dann, wenn nötig, weiter entwickelt zu werden. Das *braune* Reaktionsprodukt ist kontrastreich und osmiophil. Das Inkubationsmedium ist nur begrenzt haltbar (weniger als 1 h). Nach einiger Zeit setzen sich braune Flocken ab, die als Niederschläge stören. Wenn es nötig ist, sehr lange zu inkubieren, muß das Medium gewechselt werden.

Beachte: Diaminobenzidin gilt als carcinogene Substanz. Es werden daher häufig auch andere, ungefährlichere Substrate zum Peroxidasenachweis verwendet, z. B. Tetramethylbenzidin (TMB) [3].

Methode zum Peroxidasenachweis mit TMB

1 Nach der Vorbehandlung Schnitte in Aqua dest. spülen.
2 *Inkubation:* Löse 5 mg 3,3′,5,5′-Tetramethylbenzidin (TMB) in 2,5 ml Äthanol (es ist dabei nötig auf 40 °C zu erwärmen); Mische 5 ml Acetatpuffer, pH = 3,3 [4] und 92,5 ml Aqua dest., gieße die TMB-Lösung zu. Am besten mischt man gleich in der Färbeküvette und gibt 3 ml einer 0,3%igen Wasserstoffperoxidlösung (frisch aus 30% H_2O_2 bereitet) zu. Bei Raumtemperatur bis 20 min inkubieren.
3 Spülen in Aqua dest.
4 *Eindecken der Schnitte.*

Das Reaktionsprodukt mit TMB als Substrat ist *blau.*

Ein *rotes* Reaktionsprodukt erhält man mit dem Substrat 3-amino-9-äthylcarbazol. Auch dieses Substrat löst sich, wie TMB, nicht in wäßrigen Medien und wird in Dimethylformamid aufgenommen. Als Puffer verwendet man Acetatpuffer pH = 5,2 [2]. Sonst verfährt man sinngemäß, entsprechend der oben angegebenen Methode.

[1] Graham RC, Karnovsky MJ (1966) The early stages of absorption of injected horseradish peroxidase in the proximal tubules of mouse kidney: ultrastructural cytochemistry by a new technique J Histochem Cytochem 14:291–302
[2] Pufferlösungen s. §53
[3] Mesulam M-M (1978) Tetramethyl benzidine for horseradish peroxidase neuro-histochemistry: a non-carcinogenic blue reaction product with superior sensitivity for visualizing neural afferents and efferents. J Histochem Cytochem 26·106–117

[4]

Diese Pufferlösung wird wie folgt zubereitet:	
1 M Natriumacetat	20 ml
1 N HCl	19 ml
Aqua dest.	61 ml

Man kann aber auch mit gutem Erfolg Acetatpuffer von pH = 3,6 verwenden.

§45. Lektinbindung: Concanavalin A (CON A)

Zur Zeit ist bereits ein umfangreiches Spektrum von Lektinen (meist pflanzliche Proteine) bekannt, die spezifisch an Zuckerreste binden [1]. Concanavalin A koppelt an α-D-Mannosly- und α-D-Glucosylgruppen komplexer Carbohydrate, die so markiert werden können. Meerrettichperoxidase bietet ebenfalls diese Zucker und kann – da das Lektin über mehrere Bindungsstellen verfügt – in einem zweiten Schritt als Markierungssubstanz an Con A gebunden werden [2]. Die Peroxidaseaktivität wird dann als dritter Schritt mit einer beliebigen histochemischen Methode dargestellt, z.B. mit der DAB-Reaktion nach Graham und Karnovsky [3]. Die Methode wurde für unosmierte Eponschnitte standardisiert [4].

Methode zum Nachweis der Bindung von Concanavalin A

1	*Vorbehandlung:* Eponschnitte anätzen mit Natriummethylat	
	(1) Natriummethylat gesättigt in Methanol	14 min
	(2) Natriummethylat gesättigt in Methanol : Aceton = 1 : 1	7 min
	(3) Methylat abwaschen in Aceton	7 min
	(4) Spülen in Aceton : Aqua dest. = 1 : 1	7 min
2	Spülen in PBS [5]	7 min
3	*Inkubation:* Con A in PBS (50 µg/ml)	20 min
4	3× Waschen in PBS	3 × 7 min
5	*Inkubation:* Meerrettichperoxidase in *PBS* (50 µg/ml)	20 min
6	3× Waschen in PBS	3 × 7 min
7	*Peroxidasenachweis* (s. §44) [6]	
8	Waschen in Aqua dest.	
9	*Eindecken der Schnitte* [7].	

Das Gewebe wird wie üblich mit Glutaraldehyd fixiert, darf aber *nicht osmiert* werden. Im Falle osmierter Präparate bewirkt auch das Entfernen des Osmiums aus den Schnitten nicht wieder das Auftreten der Bindungsfähigkeit für das Lektin. Die Aufbereitung des Harzes in der angegebenen Weise garantiert den zuverlässigen Ablauf der Reaktion. Häufig bleiben noch nach Schritt 1 Niederschläge von Natriummethylat auf den Objektträgern [4]. Diese lösen sich sofort beim nächsten Schritt, wenn die Schnitte in wäßriges Medium eingebracht werden. Nach 14 min Natriummethylat ist praktisch alles Harz gelöst und die Schnitte sind sehr empfindlich.

Die Inkubation der Schnitte mit dem Lektin erfolgt bei Zimmertemperatur in feuchter Kammer. Man kann die Inkubation auch im Kühlschrank über längere Zeit (z. B. über Nacht) durchführen. Lektinlösungen können eingefroren aufbewahrt werden.

Kontrollen zur Reaktion sind durchzuführen:

A Peroxidasenachweis ohne vorausgegangene Inkubation mit Lektin oder Meerrettichperoxidase (positiv sind unspezifische DAB-Färbungen)
B Inkubation mit Lektin unterbleibt (positiv sind unspezifische Bindungsstellen für die Peroxidase und DAB-Färbungen)
C Inkubation mit Meerrettichperoxidase unterbleibt (Ergebnis wie A)
D Der Lektinlösung werden bei der Inkubation α-D-Mannose und/oder α-D-Glucose in 0,2 M Konzentration zugesetzt (blockiert die spezifischen Bindungsstellen des Lektins; treten positive Reaktionen auf, kann die Zuckerkonzentration auf 0,4 M erhöht werden; weiter bestehende Anfärbung entspricht einer unspezifischen Adsorption der Reagenzien).

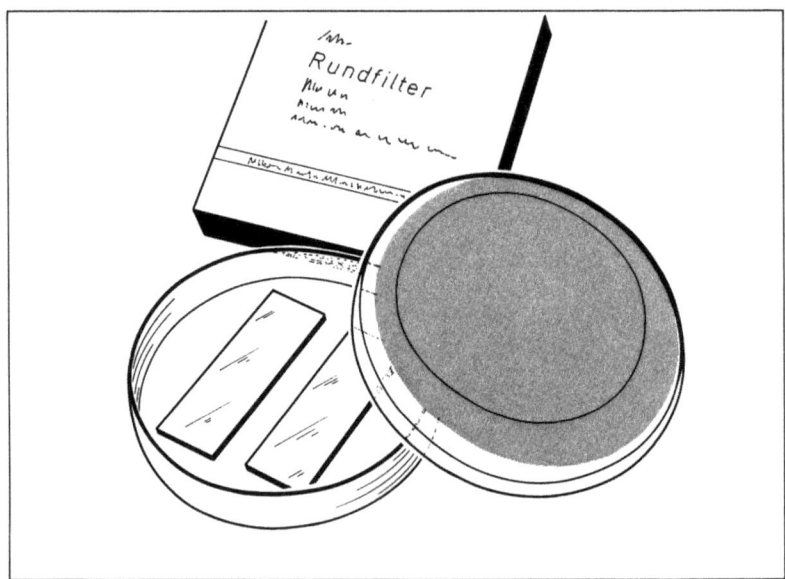

Abb. 45-1. Als „Feuchte Kammer" verwendet man eine Petrischale die 2 Objektträger aufnimmt. Im Deckel klebt ein befeuchtetes Blatt Filterpapier, das durch Adhaesion festhält

[1] Nicolson GL (1974) The interaction of lectins with animal cell surfaces. Int Rev Cytol 39:89–190

[2] Bernhard W, Avrameas S (1971) Ultrastructural visualization of cellular carbohydrate components by means of Concanavalin A. Exp Cell Res 64:232–236

[3] Graham RC jr, Karnovsky MJ (1966) The early stages of absorption of injected horseradish peroxidase in the proximal tubules of mouse kidney: ultrastructural cytochemistry by a new technique. J Histochem Cytochem 14:291–302

[4] Geleff S, Böck P (1984) Pancreatic duct glands. II. Lectin binding affinities of ductular epithelium, ductular glands, and Brunner glands. Histochemistry 80:31–38

[5] *PBS* = *P*hosphate *B*alanced *S*alt solution, Zusammensetzung der Lösung s. § 53

[6] Meerrettichperoxidase ist sehr robust und arbeitet unter fast allen Bedingungen. Ein rasch zu bereitendes Inkubationsmedium lautet: Löse 35 mg DAB (Diaminobenzidin) in 70 ml Tris- oder Phosphatpuffer (pH = 7,2), am besten mit einem Ultraschallgerät, filtriere, tauche einen Glasstab in Wasserstoffperoxid und rühre mit dem feuchten Stab die DAB-Lösung. 70 ml sind für eine Färbeküvette ausreichend. Inkubiere die Schnitte und entwickle unter Kontrolle bei 37 °C (etwa 20 min).

[7] Da die Schnitte sehr empfindlich sind, empfiehlt es sich, direkt mit einem mit Wasser mischbaren Medium einzudecken (Sorbit®).

§46. Lektinbindung: Peroxidase-markierte Lektine

Während Concanavalin A von selbst an Meerrettichperoxidase bindet und so indirekt nachgewiesen werden kann, müssen andere Lektine vor ihrer Anwendung an eine Markierungssubstanz gekoppelt werden. Für den lichtmikroskopischen Nachweis eignen sich Fluoreszenzfarbstoffe, Enzyme, oder Antikörper gegen die betreffenden Lektine. In der Praxis verwendet man mit Meerrettichperoxidase konjugierte Lektine, von denen bereits ein breites Spektrum im Handel ist (z. B. von Fa. E. Y. Labs, vertreten durch Fa. MEDAC, Hamburg). Der Vorteil einer Enzymmarkierung liegt in erster Linie in der Kontrollierbarkeit der Anfärbung während des Enzymnachweises. Studien zur Lektinbindung werden bei der Analyse von Glykoproteinsekreten und Glycoproteinauflagerungen an Zytomembranen durchgeführt. Natürlich können Lektine nur an solche Zuckerreste gebunden werden, die für das beträchtlich große (markierte) Lektinmolekül durch Diffusion erreichbar sind. Dies wird von der Lage des Zuckers in membranbegrenzten Zellkompartimenten abhängen, ebenso von der Vernetzung der Proteine durch die Aldehydfixierung, wie vom Einbettungsmedium.

Für eine Reihe von Lektinen wurde ihre Verwendbarkeit an Semidünnschnitten von *nicht osmiertem Material* angegeben [1]. Die Methode ist für Eponschnitte, die mit Natriummethylat aufbereitet werden, standardisiert.

Folgende Lektinkonjugate wurden verwendet:

Lektin aus	Zucker-Rest
Ricinus communis A I	β-D-Galactosyl-
Helix pomatia	N-acetyl-α-D-Galactosaminyl –
Weizenkeim (wheat germ) A	N-acetyl-Glucosaminyl, Sialyl –
Limulus polyphemus	Sialyl –
Lotus tetragonolobus A	L-Fucosyl –
Ulex europaeus I	L-Fucosyl –

Methode zur Bindung HRP-markierter Lektine

1 *Vorbehandlung:* Eponschnitte anätzen mit Natriummethylat
   (1) Natriummethylat gesättigt in Methanol   14 min
   (2) Natriummethylat gesättigt in
       Methanol : Aceton = 1 : 1   7 min
   (3) Methylat abwaschen in Aceton   7 min
   (4) Spülen in Aceton : Aqua dest. = 1 : 1   7 min
2 Spülen in PBS [2]   7 min
3 *Inkubation:* Lektin-Peroxidase Konjugat in PBS
   (1 mg Konjugat/ml)   20 min
4 3× Waschen in PBS   3 × 7 min
5 *Peroxidasenachweis* (s. §44) [3]
6 Waschen in Aqua dest.
7 Eindecken der Schnitte [4].

Kontrollen zur Reaktion beinhalten:

A Peroxidasereaktion ohne Lektininkubation (zeigt unspezifische Anfärbungen mit DAB)

B Lektinlösungen werden bei der Inkubation mit den Zuckern, an die sie spezifisch binden, in 0,2 M und 0,4 M Konzentration versetzt (dann noch bestehende Anfärbungen, soweit sie nicht auch schon bei (A) auftreten, zeigen Orte unspezifischer Adsorption der Lektine).

[1] Geleff S, Böck P (1984) Pancreatic duct glands. II. Lectin binding affinities of ductular epithelium, ductular glands, and Brunner glands. Histochemistry 80:31–38
[2] *PBS = Phosphate Balanced Salt solution*; Zusammensetzung der Lösung s. §53
[3] Ein rasch zu bereitendes Inkubationsmedium für den Peroxidasenachweis· Lose 35 mg DAB (Diaminobenzidin) in 70 ml Tris. oder Phosphatpuffer, pH = 7,2, am besten mit einem Ultraschallgerat, filtriere, tauche einen Glasstab in Wasserstoffperoxid und rühre mit dem feuchten Stab die DAB-Lösung. Inkubiere die Schnitte in einer Färbeküvette bei 37 °C unter Kontrolle (etwa 20 min)
[4] Da die Schnitte sehr empfindlich sind, deckt man am besten sofort mit einem mit Wasser mischbaren Medium ein (Sorbit®)

131

§47. Färbung von Elastin

Die Färbbarkeit des elastischen Materials wird entscheidend davon bestimmt, ob es sich um osmiertes Gewebe handelt, oder ob mit Aldehydlösungen allein fixiert wurde. In Schnitten von osmiertem Material färbt sich, bei der Anwendung der üblichen *Schnellfärbungen mit alkalischen Lösungen von Thiazinfarben*, Elastin tief dunkelblau. Werden dieselben Methoden bei Schnitten von unosmiertem Gewebe angewendet, oder nach Entfernen des Osmiums aus den Schnitten, bleibt Elastin ungefärbt und wirkt wie ausgespart. Mit *Regaud's Eisenhaematoxylin* stellt sich Elastin schwarz dar, sofern auf eine Gegenfärbung mit basischem Fuchsin verzichtet wird [1] (s. §24). Für die klassischen Elasticafärbungen, wie Resorcinfuchsin oder Aldehydfuchsin nach Oxidation mit Permanganat, ist es nötig, das Harz aus den Schnitten zu entfernen. Die besten Ergebnisse liefert dabei *Resorcinfuchsin*, das auch das einfachste Vorgehen erlaubt. Schnitte von unosmiertem Material färben sich rascher und differenzierter als solche von osmierten Gewebe.

Methode zur Färbung mit Resorcinfuchsin

1 *Vorbehandlung:* Epon oder Araldit mit Natriummethylat entfernen
   (1) Natriummethylat gesättigt in Methanol   5 min
   (2) Natriummethylat gesättigt in
      Methanol : Aceton = 1 : 1   5 min
   (3) Methylat abwaschen in Aceton   5 min
   (4) Spülen in Äthanol
2 *Färben:* Resorcinfuchsinlösung [2], unter Kontrolle 30–180 min
3 Spülen in 95% Äthanol
4 *Eindecken der Schnitte.*

Um bei Schnitten von osmiertem Gewebe die Färbbarkeit zu verbessern, soll man nach dem Entfernen des Harzes auch Osmium durch Wasserstoffperoxid aus den Schnitten entfernen (5%, für 10 min vor Schritt 1).

Mit Resorcinfuchsin kann praktisch nicht überfärbt werden. Nach langer Färbedauer (3–5 h) kommt es zur allgemeinen zarten Darstellung des Hintergrundes in Rotbraun, die zur Orientierung nicht unerwünscht sein kann. Elastisches Material hebt sich dabei klar ab, es ist dunkler und rostbraun gefärbt. Eine Entfärbung oder Differenzierung läßt sich leicht mit Salzsäurealkohol erreichen.

Auch ohne Entfernen des Harzes kann mit Resorcinfuchsin gefärbt werden, wenn die Färbetemperatur erhöht wird (60 °C) und wenn man die Schnitte über Nacht inkubiert. Es kommt dabei zu einer diffusen Anfärbung aller Gewebekomponenten, vor allem Retikulinfasern und Basalmembranen sind nun auch gefärbt; in den Zellen erkennt man deutlich Lysosomen, Kernstrukturen, usw. Von einer spezifischen Färbung kann dabei nicht mehr die Rede sein.

Die Färbung mit *Aldehydfuchsin*, die neben Elastin auch die B-Zellen des Inselorgans darstellt, eignet sich besonders für Schnitte von Methacrylat-Material. Durch geeignete Vorbehandlung (Oxidation mit Peressigsäure) lassen sich aber auch Epoxischnitte verwenden [3]. Vergleiche dazu die für Neurosekrete angegebene Färbung mit Aldehydfuchsin (s. §29), die ebenfalls Elastin darstellt.

Methode zur Färbung mit Aldehydfuchsin

1	*Vorbehandlung:* Schnitte in Xylol einstellen	1 h
2	Absteigende Alkoholreihe, Aqua dest.	
3	*Oxidieren* in Peressigsäure	1 h
4	Spülen in Leitungswasser	
5	*Färbung:* Schnitte in Aldehydfuchsin Färbelösung [4] einstellen, bei Raumtemperatur bis 90 min, unter mikroskopischer Kontrolle (dabei Spülen in 95% Äthanol)	
6	Spülen in Aqua dest.	
7	Spülen in Peressigsäure	0,5–1 min
8	Spülen in Leitungswasser	2 min
9	*Kernfärbung:* mit Haematoxylin, in der Originalangabe mit *Ehrlich's* Haematoxylin [5]	20–30 min
10	Differenzieren in 1% Salzsäure-Alkohol, kurz eintauchen	
11	Bläuen in Lithiumcarbonat (5–7 Tropfen gesättigte Lithiumcarbonatlösung in 100 ml Aqua dest.)	
12	*Gegenfärbungen:* wenn gewünscht, z. B. mit Orange G-Lichtgrün nach *Halmi* [6]	
13	Spülen in 95% Äthanol	
14	Entwässern und *Eindecken der Schnitte.*	

Neben der Darstellung von Elastin sind bei dieser Methode die Zellen des Inselapparates differenziert; besonders nach Gegenfärbung mit der *Halmi*-Methode: Elastin und B-Zellen der Inseln purpurrot, Kerne grau, Zytoplasma orange.

Die angegebenen Färbezeiten gelten für Methacrylatschnitte. Bei Schnitten von Epoxiharzen muß 2–5 mal länger gefärbt werden (oder man färbt im Wärmeschrank bei etwa 50–60 °C, oder man wählt die in § 29 angegebene Methode).

Zur Färbung von Elastin mit Phosphorwolframsäure-Haematoxylin s. § 49.

Eine interessante Kombination zwischen Licht- und Elektronenmikroskopie ergibt sich durch die Verwendung von *Verhoeff's Eisenhaematoxylin*. Die Färbelösung stellt neben Nucleinsäuren Elastin tief dunkelblau dar [7] und kann – wenn sie für Dünnschnitte angewendet wird – als elektronendichter Niederschlag identifiziert werden [8]. Die Färbelösung soll durch Mischen der Einzelkomponenten nur in der gegebenen Reihenfolge präpariert werden:

Zubereitung von Verhoeff's Eisenhaematoxylin [8]

2% Haematoxylin (oder Haematein) in Äthanol abs.	2 Teile
10% Ferrichlorid in Aqua dest.	1 Teil
Lugol'sche Lösung	1 Teil

Die Haematoxylinlösung wird in die Eisenchloridlösung gegossen, die Mischung 30–60 s gut gerührt und dann in die Lugol'sche Lösung gegossen.

Um die selektive Anfärbung von Elastin in *osmierten Geweben* zu erreichen, verwendet man *Victoriablau 4R* nach Entfernen des Harzes, z. B. mit Kalilauge-Methanol (s. § 8), aber ohne Entfernen des Osmiums aus den Schnitten: das an Elastin gebundene reduzierte Osmiumtetroxid stört die Färbung nicht, scheint sie sogar zu fördern [9, 10].

Methode zur Färbung mit Victoriablau 4R

1 *Vorbehandlung* der Schnitte: Harz mit Kalilauge-Methanol entfernen (s. §8)
2 *Färbung:* in verdünnter Victoriablau-Stammlösung (mit Aqua dest. 1:2 verdünnt), bei Raumtemp.   24–48 h
3 Überschüssige Farblösung mit Aqua dest. abspülen
4 Wasser mit Filterpapier abtrocknen
5 Schnitte trocknen und *Eindecken.*

Zubereitung der Victoriablau 4R Stammlösung

4,5 g Victoriablau 4R werden in 100 ml 95% Äthanol gelöst

---

[1] Musy JP, Modis L, Gotzos V, Conti G (1970) Nouvelles méthodes de coloration sur coupes semifines pour tissues inclus en „Araldit" Etudes au microscope à champ clair, à contraste de phase et à fluorescence. Acta Anat (Basel) 77:37–49
[2] Bereitung der Resorcinfuchsinlösung s. §55
    Romeis B (1968) Mikroskopische Technik. 16. Aufl. Oldenburg, Munchen, Wien
[3] Munger BL (1961) Staining methods applicable to sections of osmium-fixed tissue for light microscopy. J Biophys Biochem Cytol 11:502–506
[4] Aldehydfuchsin-Färbelösung s. §55
[5] Ehrlichs Haematoxylin s. §23
[6] Halmi NS (1952) Differentiation of two types of basophils in the adenohypophysis of the rat and mouse. Stain Technol 27·61–64
[7] Hermo L, Lalli M, Clermont Y (1977) Arrangement of connective tissue components in the walls of seminiferous tubules of man and monkey. Am J Anat 148:433–440
[8] Brissie RM, Spicer SS, Hall BJ, Thompson NT (1974) Ultrastructural staining of thin sections with iron hematoxylin – J Histochem Cytochem 22:895–907
[9] Lustgarten S (1886) Victoriablau, ein neues Tinctionsmittel für elastische Fasern und für Kerne. Med Jahrb K. Ges. Ärzte (Wien) 82:285
[10] Snodgress AB, Dorsey CH, Bailey GWH, Dickson LG (1972) Conventional histopathologic staining methods compartible with Epon-embedded, osmicated tissue. Lab Invest 26 329–337

§48. *Wilder's* Retikulinversilberung

Nach Snodgress et al. [1] läßt sich die Retikulinversilberung von Wilder für Harzschnitte auch von osmiertem Material adaptieren. Epoxiharze werden durch Kalilauge-Methanol von den Schnitten entfernt, und Osmium wird durch Wasserstoffperoxidbehandlung beseitigt (s. §8). So vorbereitet sind die Schnitte, die etwas dicker als gewöhnlich sein sollen (2–3 µm dick), für die Versilberung bereit:

Methode zur Versilberung von Retikulin

1	*Vorbehandlung:* Entfernen des Harzes mit Kalilauge-Methanol. Entfernen des Osmiums mit Wasserstoffperoxid (s. §8).	
2	*Oxidation:* 0,5% wäßrige Perjodsäure	10 min
3	Spülen in Aqua dest.	3 × 5 min
4	Sensibilisieren in 1% wäßriger Uranylnitratlösung	1 min
5	Kurzes Spülen in Aqua dest.	10 s
6	*Silberlösung:* Schnitte einzeln einstellen	1–2 min
7	Kurzes Spülen in 95% Äthanol	5 s
8	*Reduktionslösung:* am besten nur für einen Objektträger verwenden, dann erneuern	1 min
9	Spülen in Aqua dest.	3 × 5 min
10	*Tonen in* gelber Goldchloridlösung	1–2 min
11	Spülen in Aqua dest.	3 × 5 min
12	*Fixieren:* in 1% Natriumthiosulfat in 30% Äthanol	1 min
13	Spülen in 30% Äthanol,	3 × 5 min
14	Entwässern in der Alkoholreihe und *Eindecken der Schnitte.*	

Durch die Oxidation mit Perjodsäure nach der Entfernung des Osmiums mit Wasserstoffperoxid wird die Versilberung gleichmäßiger, die Reaktion selbst wird dadurch aber nicht beeinflußt [2].

Zubereitung der Silberlösung

1 Löse 0,51 g Silbernitrat in 5 ml Aqua dest.
2 Nun wird Ammoniak aus der Pipette tropfenweise zugesetzt, bis
   sich der Niederschlag fast wieder gelöst hat,
3 dann werden 5 ml einer 3,1%igen Natronlauge zugegeben. Es
   entstehen weitere Niederschläge, die
4 durch Zusatz weiterer Tropfen Ammoniak wieder nahezu gelöst
   werden. Die Zahl der Tropfen ist hier geringer, die Lösung soll
   opaleszieren.
5 Mit Aqua dest. auf 50 ml auffüllen.

Zubereitung der Reduktionslösung

Aqua dest.	50 ml
Formalin (40%)	0,5 ml
1% Uranylnitrat in Aqua dest.	1,5 ml

[1] Snodgress AB, Dorsey CH, Bailey GWH, Dickson LG (1972) Conventional
    histopathologic staining methods compartible with Epon-embedded, osmicated
    tissue. Stain Technol 26:329–337
[2] Gridley MF (1951) A modification of the silver impregnation method of staining
    reticular fibers Am J Clin Pathol 21:897–901

§49. Polychrome Bindegewebefärbung mit Phosphorwolframsäure-Haematoxylin

Mit Phosphorwolframsäure-Haematoxylin nach Mallory läßt sich ohne Differenzieren oder Gegenfärben eine polychrome Anfärbung des Bindegewebes erreichen. Die Färbung wurde für Epoxischnitte von in Glutaraldehyd und Osmiumtetroxid fixiertem Material angewendet, sowohl ohne Entfernen des Harzes [1], als auch nach Lösen des Harzes [2].

1. Methode zur Färbung mit Phosphorwolframsäure-Haematoxylin

1   Schnitte am Objektträger antrocknen
2   *Oxidieren* in 5% wäßriger Kaliumpermanganatlösung   5 min
3   Spülen in Aqua dest.
4   Bleichen in 5% Oxalsäure   3–5 min
5   Spülen in Aqua dest.
6   Neutralisieren in 1% wäßriger Lithiumcarbonatlösung   2 min
7   Spülen in Aqua dest.
8   *Färben:* in Phosphorwolframsäure-Haematoxylin   12–72 h
     Die Färbung soll alle 12 h kontrolliert werden
9   Spülen in Aqua dest.
10   Trocknen und *Eindecken der Schnitte.*

Kollagen wird durch diese progressive Färbung in Purpurtönen dargestellt, Elastin dagegen hellrot bis orange. Phosphorwolframsäure-Haematoxylin eignet sich auch vorzüglich zur Darstellung der Sekretgranula in endokrinen Organen. Durch die Behandlung mit Kaliumpermanganat kommt es zur Auflockerung des Harzes und zur Entfernung von Osmium aus den Schnitten. Trotzdem ist die Methode sehr zeitaufwendig. Etwas schneller kommt man zum Ziel, wenn das Harz vollständig mit Natronlauge-Alkohol entfernt wird:

2. Methode zur Färbung mit Phosphorwolframsäure-Haematoxylin

1 Schnitte am Objektträger antrocknen
2 *Vorbehandlung:* Harz entfernen in Natronlauge-Alkohol 1 h
3 Absteigende Alkoholreihe, Aqua dest.
4 *Oxidieren* in gesättigter Quecksilberchloridlösung ($HgCl_2$)
   oder in Zenker'scher Lösung, bei 60 °C 3 h
5 Spülen in fließendem Leitungswasser
6 Entfernen der Sublimatniederschläge mit *Lugol'scher* Lösung,
7 Spülen in 0,25% wäßriger Natriumthiosulfatlösung 5 min
8 *Oxidieren* in 0,25% Kaliumpermanganat in Aqua dest. 5 min
9 Spülen in Aqua dest.
10 Bleichen in 5% Oxalsäure 3–5 min
11 *Färben* in Phosphorwolframsäure-Haematoxylin,
   bei 60 °C, unter Kontrolle 1 h
12 Kurz in Äthanol eintauchen, dann Xylol
13 *Eindecken der Schnitte.*

Zubereitung von Phosphorwolframsäure-Haematoxylin nach Levene und Feng

1 0,1 g Haematoxylin in 100 ml erwärmtem Aqua dest. lösen,
2 abkühlen lassen und
3 2,0 g Phosphorwolframsäure dazu lösen.
4 2,5 ml einer 1%igen wäßrigen Kaliumpermanganatlösung zusetzen.

Die Lösung muß mind. 48 h reifen; sie ist fast unbegrenzt haltbar.

oder:

Zubereitung von Phosphorwolframsäure-Haematoxylin nach Terner, Gurland und Gaer

1 12 g Phosphorwolframsäure werden in 1000 ml Aqua dest. gelöst, dann auch
2 1,2 g Haematein.

Diese Lösung ist sofort verwendbar und jahrelang haltbar.

Nach Aparicio und Marsden [3] genügt es, mit frisch bereiteter 15%iger Wasserstoffperoxidlösung zu oxidieren (10 min), um bei Epon- oder Aralditschnitten ohne Entfernen des Harzes mit Phosphorwolframsäure-Haematoxylin färben zu können.

[1] Grimley PM, Albrecht JM, Michelitch HJ (1965) Preparation of large epoxy sections for light microscopy as an adjunct to fine-structure studies. Stain Technol 40:357–366
[2] Lane BP, Europa DL (1965) Differential staining of ultrathin sections of Epon-embedded tissues for light microscopy. J Histochem Cytochem 13:579–582
[3] Aparicio SR, Marsden P (1969) Application of standard micro-anatomical staining methods to epoxy-embedded sections. J Clin Pathol 22:589–592

§ 50. Immunhistochemie an Semidünnschnitten

Bei den immunhistochemischen Techniken hat man zwischen „pre-embedding"- und „post-embedding"-Techniken zu unterscheiden. Im ersten Fall werden die Reaktionen an isolierten Zellen oder an Gefrierschnitten vor der Entwässerung und Einbettung durchgeführt. Die pre-embedding Techniken entsprechen daher im wesentlichen den Möglichkeiten, eine histochemische Reaktion am Gefrierschnitt durchzuführen, um dann zur besseren Beobachtung und Dokumentation von diesem Gefrierschnitt Semidünnschnitte anzufertigen.

Die zweite Form – „post-embedding"-Technik – bedient sich der Harzschnitte um daran den Nachweis antigener Eigenschaften durchzuführen.

Die antigenen Eigenschaften einer Substanz werden durch die üblichen histologischen Techniken entscheidend beeinflußt und zwar durch

A die Fixierung,
B die Entwässerung, und
C die Einbettungsmedien und Polymerisation.

Alle diese Vorgänge bewirken eine Veränderung (Herabsetzung) der antigenen Eigenschaften der Substanz die nachgewiesen werden soll, verglichen mit dem nativen Molekül. Zahlreiche Modifikationen wurden vorgeschlagen, um einen oder mehrere dieser Präparationsschritte zu mildern oder überhaupt auszuschalten.

Um *Einflüsse durch die Fixierung* gänzlich auszuschließen, verwendet man gefriergetrocknetes Material. Fixierung mit Formaldehyd gilt als schonender als Fixierung mit Glutaraldehyd. Häufig wird auch eine Mischung von Formaldehyd und Glutaraldehyd bei niedrigen Konzentrationen (weniger als je 2%) verwendet, während die übliche Fixierung mit Glutaraldehyd und Osmiumtetroxid viele antigene Eigenschaften maskiert. Für ausschließlich lichtmikroskopische Untersuchungen wird oft das Bouin'sche Gemisch empfohlen. Allgemein sollte man möglichst kurz, bei 4 °C fixieren. Die Behandlung der Schnitte nach Entfernen des Harzes mit proteolytischen Enzymen kann die antigenen Eigenschaften zum Teil wiederherstellen.

Einflüsse durch die Entwässerung sucht man durch Verwendung von mit Wasser mischbaren Kunstharzen zu umgehen (s. § 3 C, D).

Einflüsse durch die Polymerisation und das Harz sucht man auszuschalten, indem man ohne Beschleuniger mit Ultraviolettbestrahlung arbeitet. Die während des Polymerisierens auftretenden hohen Temperaturen können durch Arbeiten in Kühlboxen begrenzt werden.

Alle erwähnten Verfahren tauschen einen Vorteil gegen neu auftretende Nachteile. So wäre es mit Hinblick auf die Fixierung ideal, gefriergetrocknetes Material einzubetten, doch die dabei auftretenden Zerstörungen der Feinstruktur der Gewebe durch Eiskristalle erlaubt keine elektronenmikroskopische Analyse. Auch Aldehydfixierung ohne nachfolgende Osmierung ist für feinstrukturelle Untersuchungen nicht ideal. Die Einbettung in mit Wasser mischbaren Harzen bereitet oft wegen mangelhafter Polymerisation Schwierigkeiten. Darüber hinaus verhalten sich die einzelnen Antigene den histologischen Präparationsschritten gegenüber unterschiedlich widerstandsfähig. Während manche Antigene sogar noch nach Kombinationsfixierung mit Glutaraldehyd/Osmiumtetroxid nachgewiesen werden können, sind andere nur nach äußerst schonender Fixierung oder gar nur nach Gefriertrocknung nachweisbar. Es wird in jedem Fall nötig sein, die optimalen und möglichen Nachweisverfahren gegeneinander abzuwägen. Die im speziellen Fall gewählte Methode wird nicht unerheblich davon beeinflußt werden, ob nur lichtmikroskopische oder auch elektronenmikroskopische Lokalisation des Antigens gewünscht wird. Auch eine immunhistologische Lokalisation im Semidünnschnitt, kombiniert mit der elektronenmikroskopischen Analyse des folgenden Dünnschnittes, kann unter Umständen für die Fragestellung ausreichen. Im folgenden werden einige richtungsweisende Verfahren beschrieben.

Methode: Post-Embedding Methode A [1]:

1 *Gefriertrocknen* des Gewebes (Schockgefrieren in schmelzendem Freon 22, überführen in flüssigen Stickstoff, trocknen bei − 40 °C, 72 h, fixieren mit Formaldehydgas
2 *Einbetten* in Epon, am besten mit dem Harz im Vacuum infiltrieren
3 Semidünnschnitte am Objektträger antrocknen
4 *Harz entfernen* mit Natriummethylat (s. § 8)
5 Rehydrieren der Schnitte, Spülen in PBS [2]
6 Inkubieren mit 2 % Schweineserum um unspezifische Bindungsstellen abzusättigen, bei Raumtemperatur   30 min
7 Spülen in PBS   10 min
8 1. Antikörper (oder Kontrollserum) 1 : 100 bis 1 : 4000 in PBS, bei 4 °C   48 h
9 Spülen in PBS   10 min
10 2. Antikörper (Anti IgG), 1 : 10 bis 1 : 200 in PBS, bei Raumtemp.   30 min
11 Spülen in PBS   10 min
12 PAP Komplex [3], 1 : 50 in PBS, bei Raumtemperatur   30 min
13 Spülen in PBS   10 min
14 Spülen in Tris-HCl-Puffer [4], 0,05 M, pH = 7,6   5 min
15 Nachweis von Peroxidaseaktivitäten in 0,0125 % Diaminobenzidin + 0,002 % H_2O_2 in 0,05 M Tris-HCl-Puffer [4], pH = 7,6, bei Raumtemperatur   10 min
16 Spülen in Tris-Puffer   5 min
17 Spülen in PBS   5 min
18 Entwässern in Alkoholreihe und *Eindecken der Schnitte.*

Dieses Verfahren wurde z. B. zum Nachweis von Gastrin und Somatostatin [1, 5] angewendet. Schwierigkeiten, die durch die Aldehydfixierung auftreten könnten, werden durch die Gefriertrocknung ausgeschlossen. Andererseits ist es im so aufbereiteten Material nicht möglich, eine elektronenmikroskopische Analyse positiv reagierender Strukturen durchzuführen. Für solche Zwecke wurde eine Kombination von Semidünnschnitt-Ultradünnschnittechnik angegeben [6, 7]. Um die Feinstruktur zu erhalten, fixiert man mit Glutaraldehyd/Osmiumtetroxid und verzichtet so auf die optimale Konservierung der antigenen Eigenschaften. Die Immunhistochemische Reaktion wird am Semidünnschnitt durchgeführt, die Feinstruktur am folgenden Dünnschnitt analysiert (vgl. § 6).

Die starke Vernetzung der Proteine durch die konventionelle Fixierung maskiert zahlreiche, manchmal die Mehrzahl der antigenen Determinanten. Durch die milde Anwendung proteolytischer Enzyme sucht man die Proteine wieder aufzulockern und antigene Eigenschaften verfügbar zu machen [8].

Ein solches Verfahren würde dann folgendermaßen aussehen:

Methode: Post-Embedding Methode B

1   *Fixieren* in 2% Paraformaldehyd plus 2% Glutaraldehyd in Natriumcacodylat-Puffer [4], pH = 7,2   3 h
(2)   *Nachfixieren* in 2% Osmiumtetroxid in Natriumcacodylatpuffer, pH = 7,2   90 min
3   Entwässern und einbetten in Araldit
4   Semidünnschnitte am Objektträger antrocknen
5   *Harz entfernen* mit Natriummethylat (s. §8)
6   Rehydrieren der Schnitte
7   *Osmium entfernen* mit 5% Wasserstoffperoxid   5 min
8   Spülen in PBS [2]   10 min
9   *Proteolytische Behandlung* mit 0,05% Trypsin, bei 37 °C, 3 min
10   Spülen in PBS   10 min
    ... Fortsetzen mit Punkt 8 der vorausgegangenen Methode, d. h. Inkubation mit dem 1. Antikörper, und so fort ...

Zubereitung der Protease-Lösung:

0,5 mg Protease von Streptomyces griseus pro 1 ml PBS (Fa. Sigma, Typ V, P 5005) vor Gebrauch bereiten oder die Lösung portionieren und gefroren aufbewahren.

Die Grundzüge der beschriebenen Verfahren lassen sich àuf Semidünnschnitte von Aralditmaterial übertragen, an Stelle von Natriummethylat kann zur Entfernung des Harzes Natronlauge-Alkohol verwendet werden.

Eine proteolytische Behandlung der Schnitte nach Aldehydfixierung ist nicht zum Nachweis aller Antigene obligat. So läßt sich z. B. das saure gliafibrilläre Protein nach Fixierung mit einer Mischung aus:

0,1 % Glutaraldehyd und
3,0 % Formaldehyd, gelöst in
0,1 M Phosphatpuffer unter Zusatz von
0,1 M Sucrose

ohne Nachosmierung.

in Aralditschnitten nachweisen, wobei nach dem Entfernen des Harzes keine proteolytische Aufbereitung nötig ist [9]. Man sieht, daß das günstigste Verfahren für jedes Antigen unterschiedlich ist und erst ausgetestet werden muß [10]. Das Vorgehen wird zudem stark von der Fragestellung beeinflußt (von gefriergetrocknetem Material werden keine großflächigen Anschnitte oder elektronenmikroskopische Präparate möglich sein, von unosmierten Präparaten wird man in Folgeschnitten nur schwer Membranverhältnisse analysieren können, usw.). In besonders günstigen Fällen ist es nicht nötig, das Harz zur Gänze von den Schnitten zu entfernen: es genügt, das Einbettungsmittel mit Wasserstoffperoxid (10 %) anzuätzen [11].

Grundsätzlich wird man die Dauer der Fixierung mit Aldehydlösungen so kurz als möglich halten, d.h. daß eben noch eine ausreichende Stabilisierung des Gewebes und damit befriedigende morphologische Resultate gewährleistet sind. Oft werden Fixierlösungen empfohlen, die Pikrinsäure enthalten, entweder die klassische Bouin'sche Lösung, oder eine Mischung aus 4 % Paraformaldehyd und 0,2 % Pikrinsäure, gelöst in Cacodylatpuffer, pH 7,4 mit Zusatz von 5 mM Calciumchlorid [12].

[1] Grube D (1980) Immunoreactivities of Gastrin (G-) cells. II. Non-specific binding of immunoglobulins to G-cells by ionic interactions. Histochemistry 66·149−167
[2] PBS = Phosphate Balanced Salt solution; Zusammensetzung s. § 53
[3] PAP = Peroxidase-Anti-Peroxidase Komplex, löslich; Sternberger LA, Hardy PH, Cuculis JJ, Meyer HG (1970) The unlabelled antibody enzyme method of immunhistochemistry. Preparation and properties of soluble antigen-antibody complex (horseradish peroxidase-anti horseradish peroxidase) and its use in identification of spirochetes. J Histochem Cytochem 18:315−333
[4] Zubereitung der Puffer s. § 53
[5] Grube D, Bohn R (1983) The microanatomy of human islets of Langerhans, with special reference to somatostatin (D-) cells. Arch Histol Jpn 46:327−353
[6] Lange RH (1967) Licht- und elektronenmikroskopische Identifizierung der Zelltypen im Inselapparat des Frosches Rana ridibunda. Z Zellforsch 82·156−172
[7] Lange RH (1970) Immunofluoreszenzmikroskopische Darstellung glukagonbildender Zellen an Plastikdünnschnitten von Inselgewebe (Ratte, Frosch) Histochemie 22:226−233

[8] Brozman M, Brozmanová E (1966) Immunhistochemical methods to localize hormones in the human adenohypophysis Comm Czech Soc Histochem Cytochem 1:25–30

Mepham BL, Frater W, Mitchell BS (1979) The use of proteolytic enzymes to improve Ig staining by the PAP technique Histochem J 11·345–357

[9] DeArmond SJ, Siegel MW, Dixon RG, Eng LF (1981) Post-embedding immunoperoxidase staining of glial fibrillary acidic protein for light and electron microscopy. J Neuroimmunol 1:3–15

[10] Takamija H, Batsford S, Vogt A (1980) An approach to post-embedding staining of protein (immunglobulin) antigen embedded in plastic: prerequisites and limitations. J Histochem Cytochem 28.1041–1049

Pelletier G, Pouvianı R, Bosler O, Descarries L (1981) Immunocytochemical detection of peptides in osmicated and plastic embedded tissue- an electron microscopic study. J Histochem Cytochem 29:759–764

Erlandsen SL, Parsons JA, Rodning CB (1979) Technical parameters of immunostaining of osmicated tissue in epoxy sections. J Histochem Cytochem 27:1286–1289

[11] Moriarity GC, Halmi NS (1972) Electron microscopic study of the adrenocorticotropin-producing cell with the use of unlabelled antibody and the soluble peroxidase-anti-peroxidase complex. J Histochem Cytochem 20:590–603

[12] Zubereitung der Fixierlösungen s. § 52

146

§51. Autoradiographie [1]

Semidünnschnitte von in Epon- und Araldit eingebettetem Gewebe eignen sich ausgezeichnet für autoradiographische Untersuchungen. Das Material kann ohne oder mit Osmiumfixierung verwendet werden. Es werden 1 μm dicke Semidünnschnitte wie üblich am gut gereinigten Objektträger angetrocknet. Als Emulsion verwendet man am besten *KODAK NTB 2* in einer Verdünnung von 1 Teil Emulsion zu 1,5 Teile Wasser (Gewichtsteile). Die Mischung wird im geheizten Wasserbad bei 37 °C in einem Becherglas geschmolzen, zart gerührt, und rund 20 min bei dieser Temperatur stabilisiert. Die Objektträger werden (nicht erwärmt) direkt in die Mischung eingetaucht, herausgezogen, und schräg an eine Wand gelehnt. Der Vorgang des Herausziehens dauert etwa 0,5 – 1 s, dann läßt man den ersten Überschuß zurück in das Becherglas fließen, und stellt die Objektträger für rund 1 h hochkant an eine Wand auf eine saugfähige Unterlage. Nach dem Trocknen werden die beschichteten Objektträger in vorbereitete schwarze Plastik-Präparateschachteln geordnet. Ein Trockenmittel wird entweder in das dafür schon vorgesehene Fach oder in ein offenes, kleines Gefäß beigeben. Die Präparatekästen werden mit Klebeband verschlossen und bei − 15 °C aufbewahrt.

Um die Expositionszeit zu testen, nimmt man nach 2 Wochen die ersten Objektträger zur Entwicklung. Die Präparateschachtel wird aus dem Frierfach erst auf Raumtemperatur gebracht (rund 2 h). Als Entwickler verwendet man *KODAK D 19*, nach dem Rezept des Herstellers angesetzt. Entwicklungszeit bei 20 °C: 4 – 5 min.

Nach dem Entwickeln wird mit Aqua dest. gespült und in gewöhnlichem Fixierbad 8 min fixiert. Die Schnitte werden in Leitungswasser gewässert und sofort in der Küvette nach einer gewünschten Vorschrift (vgl. z. B. § 11, § 18) gefärbt. Sollte sich die Gelatineschicht zu stark mitfärben, so kann sie durch Einstellen in warmes Wasser (Thermostat bei 40 °C) abgelöst werden. Das Ablösen der gefärbten Schicht kann mit freiem Auge verfolgt werden. Auch sehr langes Einstellen der Schnitte in Aqua dest. (über Nacht) führt zum Klären der Gelatineschicht. Eine andere Möglichkeit, die Anfärbung der Gelatine zu verhindern, ist durch geringes Absenken des ph-Wertes der Färbelösung gegeben.

Für die korrekte Wahl der Filter in der Dunkelkammer vergleiche man den Beipackzettel zur Fotoemulsion!!

[1] Kapitel von Dr. A. Ellınger, Institut für Mikromorphologie und Elektronenmikroskopie der Universität, Wien

§52. Fixierlösungen

Bouin'sches Gemisch

1	Gesättigte, wäßrige Lösung von Pikrinsäure	150 ml
2	Formalin	50 ml
3	Eisessig	10 ml

Formaldehyd-Pikrinsäure Gemisch für Immunhistochemie

1 0,4 g Pikrinsäure in 50 ml Natriumcacodylatpuffer, pH = 7,4, lösen
2 4 g Paraformaldehyd in 50 ml Natriumcacodylatpuffer, pH = 7,4, unter Erwärmen lösen
3 Diese beiden Lösungen mischen
4 55 mg $CaCl_2$ zusetzen.

Formol-Calcium (nach Baker)

1 Löse 50 g Paraformaldehyd in 500 ml Aqua dest.
Es ist nötig unter dem Abzug zu erhitzen. Mit einem Glasstab wird die heiße Aufschlemmung von Paraformaldehyd in Wasser gerührt, dann tropfenweise NaOH zugesetzt. Sobald der Neutralpunkt erreicht ist, löst sich der Paraformaldehyd schlagartig im heißen Wasser.
2 Löse 10 g $CaCl_2$ in 500 ml Aqua dest.
3 Mische beide Lösungen
4 Schüttle mit 0,5 g Aktivkohle auf
5 Filtrieren.

Glutaraldehyd-Formaldehyd Gemisch für Immunhistochemie

1 3 g Paraformaldehyd in 100 ml Phosphatpuffer, pH = 7,4 unter Erwärmen lösen
2 0,4 ml Glutaraldchyd (25% Stammlösung) zusetzen
3 3,4 g Sucrose zusetzen.

Paraformaldehyd-Glutaraldehyd Gemisch (nach Karnovsky)

---

1 Löse 2 g Paraformaldehydpulver in 25 ml Aqua dest.
Unter dem Abzug wird in einem Becherglas das Wasser erhitzt (aber nicht gekocht), Paraformaldehyd zugegeben, mit einem Glasstab gerührt. Der Paraformaldehyd löst sich nicht, es entsteht eine Aufschlemmung des weißen Pulvers. Jetzt fügt man tropfenweise NaOH zu. Sobald der Neutralpunkt erreicht ist, löst sich der Paraformaldehyd schlagartig im heißen Wasser

2 Paraformaldehydlösung abkühlen lassen

3 Füge 10 ml 25% Glutaraldehyd zu, dann

4 15 ml 0,2 M Cacodylatpuffer, pH = 7,4.

---

50 ml Fixierlösung (4% Paraformaldehyd + 5% Glutaraldehyd)

Die konzentrierte Fixierlösung sollte vor Gebrauch nochmals mit Puffer im Verhältnis 1:1 verdünnt werden (2% Paraformaldehyd + 2,5% Glutaraldehyd). Für Perfusionsfixierung ist es nötig, die Verdünnung noch weiter zu steigern (1%Paraformaldehyd + 1,25% Glutaraldehyd).

Schaffer'sches Gemisch für unentkalkte Knochenpräparate

---

1 Formalin, 36%, über Calciumcarbonat neutralisiert, 1 Teil

2 80% Äthanol, 3 Teile.

Mischen, pH prüfen (pH = 7,2). Besonders bei langer Fixierdauer oder beim Aufbewahren der Präparate im Fixiermittel muß der pH der Lösung kontrolliert werden.

Zenker'sches Gemisch

1	Wasser	100 ml
2	Kaliumbichromat	2,5 g
3	Natriumsulfat	1,0 g
4	Sublimat (HgCl$_2$)	5,0 g
5	Vor Gebrauch:	5 ml Eisessig zusetzen.

---

§53. Pufferlösungen

Acetatpuffer 0,2 M

Lösung A: 200 mM Essigsäure $= 1,2\%$ CH_3COOH
Lösung B: 200 mM Natriumacetat
       in Aqua dest. $= 1,64\%$ CH_3COONa
                               $= 2,72\%$ $CH_3COONa \cdot 3\,H_2O$

pH	ml A	+	ml B
3,6	46,3		3,7
4,0	41,0		9,0
4,4	30,5		19,5
4,8	20,0		30,0
5,0	14,8		35,2
5,2	10,5		39,5
5,4	8,8		41,2

Cacodylatpuffer 0,2 M

Lösung A: 200 mM Natriumcacodylat $= 4,28\%$ $Na(CH_3)_2AsO_2 \cdot 3\,H_2O$
Lösung B: 200 mM HCl

pH	ml A	+	ml B
6,8	25		4,7
7,0	25		3,2
7,2	25		2,1
7,4	25		1,4

PBS, Phosphatgepufferte Salzlösung (phosphate buffered salt solution)

NaCl	6,798 g
Na_2HPO_4 (wasserfrei)	1,478 g
KH_2PO_4	0,430 g
Aqua dest.	1000 ml

Im Kühlschrank aufbewahren. PBS wird auch mit 4% bovinem Serumalbumin verwendet. Diese Lösung muß gefroren in Portionen aufbewahrt werden. Es genügt, *Cohn* Fraction V zu verwenden, keine teuren Präparate.

Phosphatpuffer Na-K-Phosphatpuffer (nach Sörensen) 0,066 M

Lösung A: 66 mM Na-dihydrogenphosphat = 0,908% KH_2PO_3
Lösung B: 66 mM Dinatriumphosphat $\quad$ = 1,188% $Na_2HPO_4 \cdot 2H_2O$
$\qquad\qquad\qquad\qquad\qquad\qquad\qquad\quad$ = 1,786% $Na_2HPO_4 \cdot 7H_2O$
$\qquad\qquad\qquad\qquad\qquad\qquad\qquad\quad$ = 2,387% $Na_2HPO_4 \cdot 12H_2O$

pH	ml A	+	ml B
6,8	50,8		49,2
7,0	39,2		60,8
7,2	28,5		71,5
7,4	19,6		80,4
7,6	13,2		86,8

Phosphatpuffer Natriumphosphatpuffer 0,13 M

Lösung A: 164 mM Mononatriumphosphat = 2,26% $NaH_2PO_4 \cdot H_2O$
$\qquad\qquad\qquad\qquad\qquad\qquad\qquad\qquad\,$ = 2,56% $NaH_2PO_4 \cdot 2H_2O$
Lösung B: 630 mM NaOH $\qquad\qquad\quad\;$ = 2,52% NaOH

pH	ml A	+	ml B
6,8	87,9		12,1
7,0	85,8		14,2
7,2	83,9		16,1
7,4	82,5		17,5
7,6	81,6		18,4

Tris/HCl Puffer (nach Gomori)

Lösung A: 200 mM Tris(hydroxymethyl)aminomethan = 2,42%
Lösung B: 0,1 N HCl

pH	ml A	+	ml B	+	Aqua dest.
7,2	25		44,7		auf 100
7,4	25		42,0		auf 100
7,6	25		39,3		auf 100
7,8	25		33,7		auf 100
8,0	25		27,9		auf 100
8,6	25		13,0		auf 100
9,0	25		5,3		auf 100

Tris/Maleat Puffer

Lösung A: 200 mM Trismaleat, das sind zusammen gelöst
Tris(hydroxymethyl)aminomethan = 2,42%
+ Maleinsäure = 2,32%
oder + Maleinsäureanhydrid = 1,96%
Lösung B: 200 mM NaOH = 0,80%

pH	ml A	+	ml B	+	Aqua dest.
5,2	25		3,2		auf 100
6,0	25		12,4		auf 100
6,6	25		20,8		auf 100
7,2	25		25,2		auf 100
7,6	25		28,6		auf 100
8,0	25		33,9		auf 100
8,6	25		42,7		auf 100

Veronalpuffer (Barbitalpuffer) (nach Michaelis) 0,1 M

Lösung A: 100 mM Veronalnatrium (Barbital-Na) = 2,06% $C_8H_{12}N_2O_3$
Lösung B: 0,1 N HCl

pH	ml A	+	ml B
6,8	52,2		auf 100
7,0	53,6		auf 100
7,2	55,4		auf 100
7,4	58,1		auf 100
7,6	61,5		auf 100
8,0	70,6		auf 100
8,4	81,2		auf 100
8,8	86,2		auf 100
9,0	93,2		auf 100

Veronal/Natriumacetatpuffer (nach Michaelis) 0,028 M

Lösung A:	$^1/_7$ M Veronal-Na (Barbital-Na)		2,95 g	
	$^1/_7$ M Natriumacetat		1,17 g	wenn Wasser-frei,
		oder	1,94 g	wenn .3 H_2O
	Aqua dest.		100 ml	

Lösung B: 0,1 N HCl
Lösung C: 8,5% NaCl in Aqua dest.

pH	ml A	ml B	ml C	Aqua dest.
3,0	20	61,1	8	auf 100
4,0	20	50,2	8	auf 100
5,0	20	35,2	8	auf 100
6,0	20	28,4	8	auf 100
6,8	20	25,6	8	auf 100
7,0	20	24,2	8	auf 100
7,2	20	22,6	8	auf 100
7,4	20	20,2	8	auf 100

§54. Haltbare Reagenslösungen

Bleilösung, stabilisierte für Bleihaematoxylinfärbung

1. Stelle eine gesättigte wäßrige Lösung von Ammoniumacetat her, z. B. 50 ml
2. Bereite die gleiche Menge (also 50 ml) 5% wäßrige Bleinitratlösung
3. Mische gleiche Mengen von 1 und 2
4. Füge 2% Formol (36–40%, in diesem Beispiel also 2 ml) zu dieser Mischung.

Diese Bleilösung ist bei Raumtemperatur über Monate haltbar. Man benötigt davon 10 ml zum Ansetzen der Bleihaematoxylinlösung für eine Färbeküvette (75 ml).

Farmer's Abschwächer für Versilberungen

Lösung A: 10% wäßrige Lösung von Kaliumhexacyanoferrat (III)
Lösung B: 10% wäßrige Lösung von Natriumthiosulfat
Gebrauchslösung: Mische 1 Teil Lösung A mit 9 Teilen Lösung B

Jod-Jodkali-Lösung (nach Lugol)

1% Kaliumjodid und 2% Jod in Aqua dest. gelöst.

Lektinlösungen

Lektinlösungen werden in einer Konzentration von 1 mg Lektin/ml PBS angesetzt und in kleinen Portionen (0,25 ml, 0,5 ml) eingefroren und aufbewahrt. *Achte:* manche Lektine, z. B. Ricinuslektin, sind extrem giftig!

Lithiumcarbonat

Gesättigte wäßrige Lösung von Lithiumcarbonat hält man bereit, um sie tropfenweise (5–7 Tropfen auf 100 ml Aqua dest.) zum Bläuen nach Ehrlich's Haematoxylin zu verwenden.

Peressigsäure (nach Greenspan)

---

1   95,6 ml Eisessig werden mit
2   259 ml 30% Wasserstoffperoxid und
3   2,2 ml konzentrierter Schwefelsäure gemischt.

Die Lösung muß mind. 3 Tage vor Gebrauch angesetzt werden. Sie ist im Kühlschrank monatelang haltbar. Durch Zusatz von 40 mg Dinatriumphosphat kann sie stabilisiert werden.

Phosphormolybdänsäure

5% Phosphormolybdänsäure in Aqua dest. lösen.

Als Spüllösung zur Stabilisierung von Färbungen, bes. metachromatischer Farbeffekte verwendet.

Schiff'sches Reagens

A. Methode nach Graumann

---

1   Löse 0,5 g Pararosanilin in 15 ml N HCl.
2   Löse 0,5 g Natriumbisulfit in 85 ml Aqua dest.
3   Mische beide Lösungen, lasse sie 24 h bei Raumtemperatur stehen.
4   Füge 0,3 g Tierkohle zu, schüttle 15 s durch, filtriere.
5   Die Lösung ist zart rosa, die Farbe verschwindet bald.

B. Methode nach Coleman

---

1   Löse 1 g Pararosanilin in 200 ml Aqua dest. (das Wasser wird zum Kochen erhitzt, die Flamme entfernt, dann der Farbstoff eingerührt).
2   Die abgekühlte Lösung wird filtriert.
3   Füge 2 g Natriumbisulfit zu, danach 10 ml N HCl.
4   Lasse die Lösung bei Raumtemperatur 24 h in verschlossener Flasche stehen.
5   Wenn nötig, schüttle mit Tierkohle und filtriere.

---

§55. Haltbare Farbstofflösungen

Acridinorange

Färbelösung. 2% Acridinorange in Aqua dest.

Alcianblau 8GX Fa. Serva, Best. Nr. 12020

Färbelösung · Alcianblau 8GX	1 g
3% Essigsäure	100 ml

Die Färbelösung ist mindestens 3 Monate haltbar. Färbeküvetten abdecken.

Aldehydfuchsin Fa. Chroma, Best. Nr. IA 360

Stammlösung: 0,5% Aldehydfuchsin in 70% Äthanol

Die Stammlösung ist praktisch unbegrenzt haltbar. Die Färbekraft nimmt mit der Zeit zu.

Färbelösung: Stammlösung filtriert	70 ml
Eisessig	1 ml

Auch die Gebrauchslösung ist einige Monate haltbar. Frisch angesetzte Lösungen soll man erst nach einigen Tagen verwenden. Färbeküvette abdecken.

Aldehydthionin (nach Paget)

Färbelösung:

1	Löse 0,5 g Thionin in 91,5 ml 70% Äthanol
2	Füge 7,5 ml Paraldehyd dazu, dann
3	1 ml conc. HCl, durchschütteln.

Diese Färbelösung, wie Aldehydfuchsinlösungen, ist nicht sofort gebrauchsfertig. Man soll sie 1–2 Wochen vor der Verwendung ansetzen. Mit der Zeit werden die Ergebnisse immer besser. Gut verschlossen halten!

Alizarinblau (nach Gabe)

Färbelösung:

---

1 10 g Aluminiumsulfat in 100 ml Aqua dest. unter Erwärmen möglichst lösen, dann
2 0,5 g Alizarinblau dazurühren
3 5–10 min kochen
4 Abkühlen lassen, filtrieren
5 Mit Aqua dest. auf 100 ml auffüllen.

Anilinblau-Orange G (nach Heidenhain)

Stammlösung:

---

1 100 ml Aqua dest. erwärmen (z. B. in 60 °C Wärmeschrank stellen)
2 0,5 g Anilinblau ws einrühren, dann
3 2,0 g Orange G einrühren,
4 8 ml Eisessig zufügen,
5 Aufkochen, damit sich die Farbstoffe möglichst lösen
6 Abkühlen lassen, filtrieren.

Färbelösung. Stammlösung mit Aqua dest. im Verhältnis 1:1 bis 1:3 verdünnen.

Auramin

Färbelösung: 2% Auramin in Aqua dest., filtrieren

Azur II

Stammlösung: 1% Azur II in Aqua dest.

Azur B-Malachitgrün (nach Grimley)

Färbelösung:

---

1 100 ml 30% Äthanol, darin werden gelöst
2 0,4 g Azur B und
3 1,0 g Malachitgrün. Dann werden
4 1 ml Anilin und
5 1,0 g Phenolkristalle zugesetzt.

Schütteln, filtrieren. Die Lösung ist haltbar.

Eosin-Calciumchlorid (nach Snodgress et al.)

Färbelösung:

1	10 g Eosin Y (Eosin yellow) in 1000 ml Aqua dest. lösen,
2	Die Lösung bis zum Kochen erhitzen, dann
3	1 g Calciumchlorid (wasserfrei) zufügen, rühren,
4	weitere 1–2 min bei etwas verminderter Hitze halten,
5	auf Raumtemperatur abkühlen,
6	ein Kristall Thymol zufügen.

Erythrosin

Färbelösung :	Erythrosin	0,5 g
	Aqua dest.	100 ml

Fuchsin, basisch

Färbelösung: 4 % basisches Fuchsin in Aqua dest., filtrieren; *oder*
2 % basisches Fuchsin in Aqua dest.

Gallocyanin-Chromalaun (nach Einarson)

Färbelösung:

1	5 g Chromalaun (Chromkaliumsulfat) in 100 ml Aqua dest. lösen
2	Diese Lösung zum Kochen erhitzen,
3	0,15 g Gallocyanin einrühren, 3 min kochen lassen, ständig rühren,
4	Abkühlen, filtrieren
5	pH justieren auf pH = 2,09 mit 0,1 n NaOH oder 0,1 n HCl.

Die Färbelösung ist einen Monat haltbar.

Harris' Haematoxylinlösung (Fa. Merck, Best. Nr. 9253)

Es lohnt nicht, die Farbstofflösung selbst anzusetzen.

Delafield's Haematoxylinlösung (Fa. Merck, Best. Nr. 9252)

Es lohnt nicht, die Farbstofflösung selbst anzusetzen.

Haematoxylin (nach Ehrlich)

Färbelösung:

1	2 g Haematoxylin in 100 ml 96% Äthanol lösen.
2	100 ml Aqua dest. zufügen, ebenso
3	100 ml Glycerin.
4	3 g Kalialaun in dieser Mischung lösen und
5	10 ml Eisessig zusetzen.

Mindestens 14 Tage natürlich reifen lassen.

Haematoxylin (nach Weigert)

Stammlösung A: 1 g Haematoxylin in 100 ml 96% Äthanol lösen
Stammlösung B: 1,16 g Eisen(III)chlorid mit 1 ml 25% HCl versetzen und
auf 100 ml mit Aqua dest. auffüllen
Färbelösung: Stammlösungen A und B werden zu gleichen Teilen gemischt.

Die Färbelösung muß jeweils unmittelbar vor Gebrauch frisch angesetzt werden. Sie ist nicht haltbar.

Kernechtrot

Färbelösung:

1	5 g Aluminiumsulfat in Aqua dest. lösen, erhitzen
2	0,1 g Kernechtrot einrühren.

Vor Gebrauch filtrieren.

Kongorot

Stammlösung:	Kongorot	1 g
	Aqua dest.	100 ml

Färbelösung: 9 Teile Stammlösung mit 1 Teil n NaOH mischen, sofort verwenden.

Lichtgrün

Färbelösung: 0,15% Lichtgrün in 0,2% Essigsäure

Mayer's Haemalaunlösung Fa. Merck, Best. Nr. 9249

Es lohnt nicht, die Farbstofflösung selbst anzusetzen. Praktisch unbegrenzt haltbar.

Methylenblau

| *Färbelösung:* | Methylenblau | 1 g |
| | 2% Veronal-Na in Aqua dest. | 100 ml |

Methylenblau

Färbelösung:	Methylenblau	1 g
	Borax	1 g
	Aqua dest.	100 ml

Methylenblau-basisches Fuchsin (nach Lee)

Stammlösung Methylenblau: 0,13% Methylenblau in Aqua dest.
Stammlösung basisches Fuchsin: 0,13% basisches Fuchsin in Aqua dest.

Färbelösung:	Methylenblaulösung	12 ml
	Basisches Fuchsin Lösung	12 ml
	0,2 M Phosphatpuffer pH = 7,6	21 ml
	Äthanol, 95%	15 ml

Mischen, filtrieren. Die Färbelösung ist etwa eine Woche verwendbar.

Methylgrün-Pyronin

Stammlösungen

1 2% Pyronin in Aqua dest. Nach dem Lösen mit Chloroform ausschütteln, 3–4 mal.
2 2% Methylgrün in Aqua dest. Nach dem Lösen mit Chloroform ausschütteln, 3–4 mal (entfernt Methylviolett).

Färbelösung:	Pyroninlösung	12,5 ml
	Methylgrünlösung	7,5 ml
	Aqua dest.	30,0 ml

Diese Gebrauchslösung ist haltbar.

Orange G-Phosphormolybdänsäure

Färbelösung: 2% Orange G in 4% wäßriger Phosphormolybdänsäure.

Phloxin

Färbelösung: 0,2–0,5% Phloxin B in Aqua dest.

Die Intensität der Anfärbung richtet sich nach der Konzentration des Farbstoffes.

Phosphorwolframsäure-Haematoxylin (nach Levene und Feng)

Färbelösung:

1	0,1 g Haematoxylin in 100 ml erwärmtem Aqua dest. lösen,
2	die Lösung abkühlen lassen und
3	2,0 g Phosphorwolframsäure einrühren.
4	2,5 ml einer 1%igen wäßrigen Kaliumpermanganatlösung zusetzen.

Die Lösung muß vor Gebrauch mindestens 48 h reifen; sie ist fast unbegrenzt haltbar.

Phosphorwolframsäure-Haematoxylin (nach Terner, Gurland und Gaer)

Färbelösung:

1	In 1000 ml Aqua dest. werden erst 12 g Phosphorwolframsäure, dann
2	1,2 g Haematein gelöst.

Die Lösung ist sofort verwendbar und jahrelang haltbar.

Ponceau 2R (nach Gori)

Färbelösung: 0,5% Ponceau 2R in 2% wäßriger Perjodsäure.

Der pH der Färbelösung soll 1,5 betragen. Nach längerer Verwendung ist es nötig, den pH zu prüfen und durch Zusatz konzentrierter Perjodsäure wieder auf diesen Wert einzustellen.

Resorcinfuchsinlösung

Lösung A:	Fuchsin	3 g
	Resorcin	6 g
	Aqua dest.	300 ml

unter Erwärmen auflösen.

| *Lösung B:* | Eisen(III)chlorid | 12 g |
| | Aqua dest. | 60 ml |

lösen.

Erhitze Lösung A zum Kochen, gieße Lösung B zu, halte die Mischung etwa 5 min auf kleiner Flamme nahe am Kochen.
Auf Raumtemperatur abkühlen lassen, Präcipitat abfiltrieren.
Präcipitat mit 400 ml 96 % Äthanol übergießen (in einen Kolben schwemmen), unter Erwärmen bis zum Kochen (Wasserbad!) lösen.
Abkühlen lassen.
4,2 ml conc. HCl zusetzen, filtrieren.

Die so gewonnene *Färbelösung* kann sofort verwendet werden, sie ist monatelang haltbar.

Safranin O

| *Färbelösung:* | Safranin O | 1 g |
| | 1 % Na_2CO_3 in AD | 100 ml |

Säurefuchsin-Ponceau

Färbelösung:	1	Aqua dest. 100 ml, darin lösen
	2	Ponceau de Xylidine, 0,4 g, und
	3	Säurefuchsin 0,1 g.
	4	0,6 ml Eisessig zufügen.

Silbermethenamin

Stammlösung: (nach Gomori)

3 % Hexamethylentetramin in Aqua dest.	100 ml
5 % Silbernitrat in Aqua dest.	5 ml

Nach dem Mischen entstehen weiße Niederschläge, die sich durch Schütteln wieder in Lösung bringen lassen. Bei 4 °C in dunkler Flasche 1–2 Monate haltbar. Glaswaren besonders sorgfältig säubern.

Toluidinblau O für Semidünnschnitte (nach Trump, Smuckler und Benditt)

Färbelösung:	Toluidinblau O	0,1 g
	2,5 % Na$_2$CO$_3$ in Aqua dest.	100 ml

filtrieren.

Die Lösung ist wochenlang haltbar. Wenn man aus der Vorratsflasche für den Arbeitstisch entnimmt, soll man filtrieren.

Chemikalien-Index

Soweit die im Text angeführten Chemikalien nicht als regulärer Bestandteil eines Labors aufgefaßt werden können, sind auch Bezugsquellen und Bestellnummern ausgewiesen.

Aceton		
Acridinorange	Merck 1333	Chroma 1 B 307
Alcianblau-8GS	Serva 12020	
Aldehydfuchsin		Chroma 1 A 360
Alizarinkomplexon	Merck 1010	
Aluminiumsulfat	Merck 1102	
3-amino-9-äthyl-carbazol	Sigma A 5754	
Ammoniak		
Ammoniumacetat	Merck 1116	
Ammoniumeisen(III)sulfat	Merck 3776	
Amylacetat	Merck 1230	
Anilin	Merck 1261	
Anilinblau (wasserlöslich)	Merck 1275	Chroma 1 B 501
Araldit 502 (entspricht		
Araldit M oder Araldit CY 212)	Serva 13837	
Äthanol		
Azur II	Merck 9211	Chroma 1 A 284
Azur A		Chroma 1 A 282
Azur B	Merck 9210	Chroma 1 B 489
Auramin O	Merck 1301	Chroma 1 B 339
Barbital-Natrium		
(5,5-Diäthylbarbitursäure-Na)	Merck 6318	
Benzol		
Benzoylperoxid	Merck 12435	
Bleiacetat	Merck 7374	
Bleinitrat	Merck 7398	
Blutlaugensalz, rot		
(Kaliumhexacyanoferrat(III))	Merck 4973	
Brillantkresylblau		Chroma 1 B 519
Brom, metallisch	Merck 1947	
n-Butylmethacrylat	Merck 12242	
Calcein	Merck 2315	
Calciumchlorid		
Carbowax 400 (Polyäthylenglykol)	Serva 33124	
Chromalaun (Chrom(III)Kaliumsulfat)	Merck 1036	
Chromschwefelsäure		

Chromsäure	Merck 229	
Coelestinblau B	National Aniline Division, Coulour Index 51050	
Concanavalin A	Serva 27648	
DDSA (Dodecenyl bernstein-saureanhydrid)	Serva 20755	
D.E.R. 736 (Polypropylenglykol Diglycidyläther)	Serva 18247	
DAB (Diaminobenzidin)	Serva 18865	
Dibutylphthalat	Serva 32805	
Dimethylformamid (N,N-Dimethylformamid)	Merck 2937	
Divinylbenzol	Serva 20748	
DMAE (S-1), (Dimethylaminoäthanol)	Serva 20130	
DMP-30 (2,4,6-Tris-(Dimethyl-aminomethyl)phenol)	Serva 36975	
Eisenalaun (Ammonium Eisen-(III)Sulfat)	Merck 3776	
Eisen(III)Chlorid	Merck 3861	
Eisessig		
Eosin (Y, yellowish, gelblich, wasserlöslich)	Merck 1345	Chroma 1 B 425
Epon 812 (Glycerindiepoxid)	Serva 21045	
ERL-4206 (Vinylcyclohexendioxid)	Serva 38216	
Erythrosin, gelblich	Merck 1355	Chroma 1 A 336
Formalin		
Fuchsin, basisch (Pararosanilin)	Serva 31627	Chroma 1 B 295
Gallocyanin	Serva 22135	Chroma 1 A 204
Gelatine		
Giemsa's Azur-Eosin-Methylenblau	Merck 9203	
Glutaraldehyd		
Glycerin		
Glycolmethacrylat	Serva 28744	
Goldchlorid (Tetrachlorogold-(III)säure	Merck 1582	
Haematein	Merck 11487	
Haematoxylin	Merck 4305	
Hexamethylentetramin	Merck 4343	
Hydrochinon	Merck 822333	
Indulin		Chroma 1 F 521
Isopropanol		
Jod, metallisch	Merck 4761	.
Kalialaun (Aluminiumkaliumsulfat)	Merck 1047	
Kalilauge		
Kaliumbichromat		
Kaliumdihydrogenphosphat		
Kaliummetabisulfit (Kaliumdisulfit)	Merck 5057	
Kaliumpermanganat		
Kernechtrot		Chroma 1 A 466
Kalium-hexacyanoferrat(II)	Merck 4984	
Kongorot	Merck 1340	Serva 27215

Kresylechtviolett		Chroma 1 A 396
Kristallviolett	Merck 1408	Chroma 1 A 286
Kupfersulfat		
Lektine, peroxidasemarkiert	Firma Medac, Hamburg	
Lichtgrün	Merck 1315	Chroma 1 B 211
Lithiumcarbonat	Merck 5676	
Luperco-Paste (2,4-Dichlor-		
Benzoylperoxid-Paste)	Serva 19340	
Malachitgrün	Merck 1398	Chroma 1 B 249
May-Grünwald's Eosin-Methylenblau	Merck 1352	
Meerrettichperoxidase	Serva 31942	
Methanol		
(2-Methoxyäthyl)-acetat	Merck 806061	
Methylenblau	Merck 1283	Chroma 1 B 429
Methylgrun	Merck 1314	Chroma 1 A 292
Methylmethacrylat	Merck 12244	
MNA (Methyl-Nadic® · anhydrid)	Serva 29452	
Methylviolett	Merck 1402	Chroma 1 B 415
Natriumacetat	Merck 6264	
Natriumbisulfit		
(Natriumdisulfit)	Merck 6528	
Natriumcarbonat · $10\,H_2O$	Merck 6391E	
Natriumchlorid		
Natriumdihydrogenphosphat	Merck 6370	
Natriumhydrogenphosphat		
(Dinatriumhydrogenphosphat)	Merck 6589	
Natriumhydroxid		
Natriummetabisulfit (Natriumdisulfit)	Merck 6528	
Natriummethylat	Merck 806538	
Natriumsulfat	Merck 6649	
Natriumthiosulfat · $5\,H_2O$	Merck 6509	
Natronlauge		
NBA (Nonenyl-Bernsteinsäureanhydrid)	Serva 30812	
Orange G	Merck 6878	Chroma 1 B 221
Osmiumtetroxid		
Oxitetracyclin (Reverin®)	Hoechst	
Papain	Serva 31600	
PAP-Komplex (Peroxidase-		
Antiperoxidase-Komplex)	Dako	
Paraformaldehyd		
Paraldehyd (Paracetaldehyd)	Fluka 76260	
Pararosanilin (basisches Fuchsin)	Serva 31627	Chroma 1 B 295
Perhydrol	Merck 7298	
Perjodsäure	Merck 524	
Peroxidase (Meerrettichperoxidase)	Serva 31942	
Phenol		
p-Phenylendiamin	Merck 807246	
Phloxin B	Merck 1371	
Phosphormolybdänsäure		
(Molybdatophosphorsäure)	Merck 532	
Pikrinsaure		

167

Pinacyanol		Chroma 4 F 135
Polyäthylenglycol 400	Serva 33124	
Ponceau 2R	Serva 33428	Chroma 1 B 205
Ponceau de Xylidine		Chroma 1 B 207
Propylenoxid		
Protease (aus Streptomyces griseus)	Sigma P5005	
Pyronin B	Merck 7517	Chroma 1 B 357
Quecksilber(II)chlorid	Merck 4419	
Resorcin	Merck 7593	
S-1 (DMAE, Dimethylaminoäthanol)	Serva 20130	
Salzsäure		
Safranin O	Serva 34598	Chroma 1 B 463
Saurealizarin (Säurealizarinblau B)		Chroma 1 A 252
Säurefuchsin	Serva 34597	Chroma 1 B 525
Schiff'sches Reagens	Merck 9033	
Schwefelsäure		
Schweineserum	Dako	
Silbernitrat	Merck 1512	
Spurr's Einbettungsmedium	Serva 38216, 18247, 30812, 20130	
Sucrose (Saccharose, Rohrzucker)		
Sudanschwarz B	Serva 35610	Chroma 1 A 430
Tetracyclin (Oxitetracyclin, Reverin®)	Hoechst	
Tetramethylbenzidin	Sigma T5513	
Thionin	Serva 36245	Chroma 1 A 422
Thymol	Merck 8167	
Toluidinblau O	Serva 36692	Chroma 1 B 481
Trypsin	Serva 37258	
Uranylnitrat	Merck 8476	
Veronal-Natrium-Puffer	Serva 99907	
Victoriablau 4R		Chroma 1 B 387
Wasserstoffperoxid	Merck 7298	
Xylenolorange	Merck 8677	
Xylol		
Zitronensäure	Merck 244	

.

Sachregister

If you have any concerns about our products,
you can contact us on
ProductSafety@springernature.com

In case Publisher is established outside the EU,
the EU authorized representative is:
Springer Nature Customer Service Center GmbH
Europaplatz 3, 69115 Heidelberg, Germany

Printed by Libri Plureos GmbH
in Hamburg, Germany